건강을 잃으면 모두를 잃습니다. 그럼에도 시간에 쫓기는 현대인들에게 건강은 중요하지만 지키기 어려운 것이 되어버렸습니다. 질 나쁜 식사와 불규칙한 생활습관, 나날이 더해가는 환경오염……. 게다가 막상 질병에 걸리면 병원을 찾는 것 외에는 도리가 없다고 생각해버리는 분들이 많습니다.

상표등록(제40-0924657) 되어있는 〈내 몸을 살리는〉 시리즈는 의사와 약사, 다이어트 전문가, 대체의학 전문가 등 각계 건강 전문가들이 다양한 치료법과 식품들을 엄중히 선별해 그 효능 등을 입증하고, 이를 일상에 쉽게 적용할 수 있도록 핵심적 내용들만 선별해 집필하였습니다. 어렵게 읽는 건강 서적이 아닌, 누구나 편안하게 머리맡에 꽂아두고 읽을 수 있는 건강 백과 서적이 바로 여기에 있습니다.

흔히 건강관리도 노력이라고 합니다. 건강한 것을 가까이 할수록 몸도 마음도 건강해집니다. 〈내 몸을 살리는〉 시리즈는 여러분이 궁금해 하시는 다양한 분야의 건강 지식은 물론, 어엿한 상표등록브랜드로서 고유의 가치와 철저한 기본을 통해 여러분들에게 올바른 건강 정보를 전달해드릴 것을 약속합니다.

내 몸을 살리는
트랜스퍼 팩터

김은숙 지음

모아북스
MOABOOKS

저자 소개

김은숙 e_ mail:hazel789@naver.com

저자는 외국어대에서 태국어과, 신구대에서 치위생과, 방통대에서 가정학과, 캐나다 쉐르단 컬리지 (sheridan college)에서 공부하였으며, 현재는 건강강좌와 함께 올바른 영양학적 섭취와 식습관 개선을 위한 건강 플래너로 활동하고 있다.

내 몸을 살리는 트랜스퍼 팩터

초판 1쇄 인쇄 2016년 10월 25일 **2쇄** 발행 2018년 10월 22일
1쇄 발행 2016년 11월 10일 **3쇄** 발행 2020년 02월 15일

지은이 김은숙
발행인 이용길
발행처 모아북스 MOABOOKS

디자인 이룸

출판등록번호 제 10-1857호
등록일자 1999. 11. 15
등록된 곳 경기도 고양시 일산동구 호수로(백석동) 358-25 동문타워 2차 519호
대표 전화 0505-627-9784
팩스 031-902-5236
홈페이지 www.moabooks.com
이메일 moabooks@hanmail.net
ISBN 979-11-5849-035 -5 03570

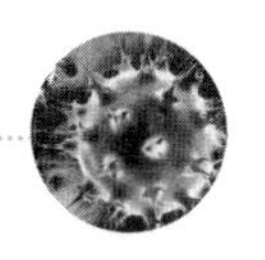

약보다 면역력을 알아야 건강해진다

'면역력이 강해야 건강한 삶을 살 수 있다!' 라는 말을 모르는 사람은 없을 것이다. 의학에 대한 전문지식을 갖고 있지 않은 일반인들도 이제는 '면역력 향상' 을 건강의 상식으로 이해하고 있을 정도로 면역력은 21세기 건강의 화두이자 핵심으로 자리 잡게 되었다.

면역력이라는 것은 사실상 인체 기능 전반의 정상화와 관련이 있다고 할 수 있다. 이 때문에 내 몸의 건강을 알기 위해서는 면역의 의미와 면역력의 중요성이 가장 먼저 거론되는 것이며, 내 몸의 면역체계에 대한 기본적인 점검 없이는 건강을 논할 수 조차 없는 것이다.

우리 몸의 면역기능은 부위별, 기관별, 상황별로 다르게 작용한다. 면역기능이란 너무 저하되어도 문제가 되지만 과잉되어도 문제가 된다. 면역시스템에 혼란이 생겨 나타나는 것이 다양한 종류의 질병이지만, 그중에는 면역기능이 오작동하거나 과도하게 기능하여 나타나는 질환도 있다. 즉 인체의 면역시스템이 총체적인 균형을 이루고 있기 때문이다. 건강의 관건은 특정 성분을 채우는 데 있는 것이 아니라 몸의 전반적인 시스템이 서로 균형을 이루도록 하는 것이며 이것은 면역기능의 핵심이라 할 수 있다. 면역기능을 정상화시키기 위해서는 세포 단위부터 우리 몸이 독소를 원활히 배출하고 신체 기능이 정상적으로 작동하도록 해야 한다. 이에 대한 획기적인 신개념을 제공하는 것이 바로 트랜스퍼 팩터라는 물질이다. 트랜스퍼 팩터는 1949년 미국의 면역학자 셔우드 로렌스 박사가 인간의 혈액 속에서 발견한 분자 물질이다.

트랜스퍼 팩터, 기적이 아니라 과학이다

이후 과학자와 의사들의 연구에 의해 이 물질이 생물체의 세포와 세포 사이에서 면역기능을 유도 및 전달하여 면역시스템 전반이 원활히 가동되도록 작용하는 역할을 한다는 것을 밝혀내었다. 그리고 더욱 놀라운 사실은 다른 동물 종의 트랜스퍼 팩터를 가지고도 얼마든지 면역기능을 수행할 수 있다는 점이었다. 트랜스퍼 팩터는 인공적인 약품도, 화학물질도 아닌 모든 인간과 동물의 몸속에 이미 존재하고 있는 물질인 동시에 생명체 고유의 면역시스템을 활성화시킨다는 점에서 기존의 다른 영양보충제나 보조제와는 그 개념 자체부터 차별성을 지니고 있다. 또한 반세기 넘는 전 세계 학계에서의 꾸준한 연구 끝에 안전성이 확고히 입증되고, 대량생산이 가능해지며, 다양한 면역 관련 질환들에 놀라운 효과가 있다는 점이 증명되었다.

이 책에서는 이러한 트랜스퍼 팩터가 왜 면역기능을 활성화시키는지에 대해 과학적인 원리를 설명하고자 한다. 나아가 면역시스템과 독소 배출과 건강 증진이 서로 어떠한 밀접한 상호작용을 하는지에 대해 점검해보고, 차세대 건강 트렌드를 주도할 트랜스퍼 팩터의 기능성과 효능에 대해 누구나 이해하기 쉽도록 근거를 제시했다.

이제 현대인의 건강은 뭔가를 빼거나 더하는 것이 아니라 본래의 인체 기능을 되찾는 것에서 열쇠를 찾아야 한다. 그 비밀을 트랜스퍼 팩터라는 물질이 쥐고 있다. 이 책을 읽는 모든 독자들이 트랜스퍼 팩터를 통해 건강한 삶을 되찾게 되었으면 하는 바람이다.

김 은 숙

| 목차 |

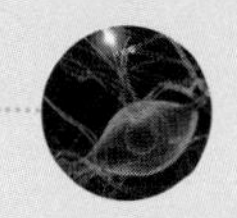

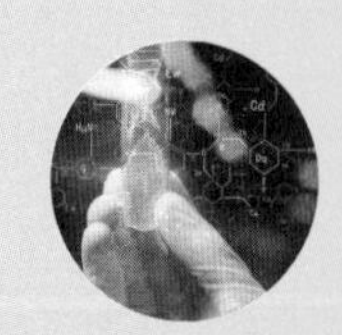

1장 자가면역이 건강의 열쇠

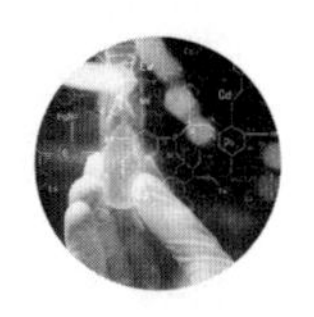

1) 면역은 나의 힘

면역이란 정확히 무엇이며, 왜 현대인들은 이토록 면역력을 중시해야 할까?

우선 면역의 사전적 의미를 찾아보면 "생체의 내부 환경이 외부인자인 항원에 대하여 방어하는 현상" 이라고 한다.(두산백과사전 참조) 즉 면역이란 우리 몸이 스스로를 지켜내는 작용이라 할 수 있다.

부연설명하자면 면역에는 크게 두 종류가 있다. 하나는 사람이 태어날 때부터 지니는 '선천' 면역(혹은 자연면역)이고 또 하나는 사람이 살아가면서 후천적으로 얻는 '획득' 면역(혹은 후천면역)이라 할 수 있다.

선천면역과 후천면역의 역할

선천면역은 인체의 외부로부터 침입해 들어오는 병균이

나 유해한 물질로부터 몸을 보호하는 모든 작용을 뜻한다. 예를 들어 신체의 겉면을 감싸고 있는 피부라든가, 먼지로부터 호흡기를 보호해주는 콧속의 점액, 몸속에 들어간 세균을 일차적으로 죽이는 역할을 해주는 위산, 그리고 혈액 속에 있는 면역세포 등은 모두 선천면역에 속한다고 할 수 있다. 세포 중에서도 해로운 세균을 잡아먹거나 죽이는 역할을 하는 대식세포, K세포, 백혈구가 선천면역의 역할을 한다. 그에 비해 획득면역, 즉 후천면역은 선천면역만으로는 부족한 부분을 보완해준다. 후천면역의 특이한 점은 우리 몸에 침입한 항원을 기억해두는 작용을 한다는 점이다. 후천면역은 다시 두 종류로 나뉘는데 여기에는 크게 체액면역과 세포면역이 있다.

후천면역을 담당하는 B림프구와, T림프구

체액면역은 질병의 원인이 되는 항원을 인식한 B림프구가 이 항원에 대항할 수 있는 항체를 분비하여 감염균을 제거하는 작용을 뜻한다. 여기서 항체를 이루는 단백질을 면역글로불린(immunoglobulin:Ig)이라고 부른다. 면역글로불린에도 종류가 여러 가지(예:IgG, IgM, IgA, IgD, IgE 등)가 있는데, 그중에서도 IgG는 어머니의 태반을 통해 태아에게 전달된다.

후천면역의 또 다른 종류인 세포면역은 항원을 인식한 T 림프구가 림포카인을 분비하거나 감염세포를 직접 죽이는 작용을 뜻한다. 흔히 예방주사를 맞음으로써 그 병원체에 대한 항체를 몸속에 심어둘 수 있는 것은 이 세포면역의 작용으로 인한 것이다. 이때 예방접종을 통해 얻게 된 면역을 인공면역이라고 부른다.

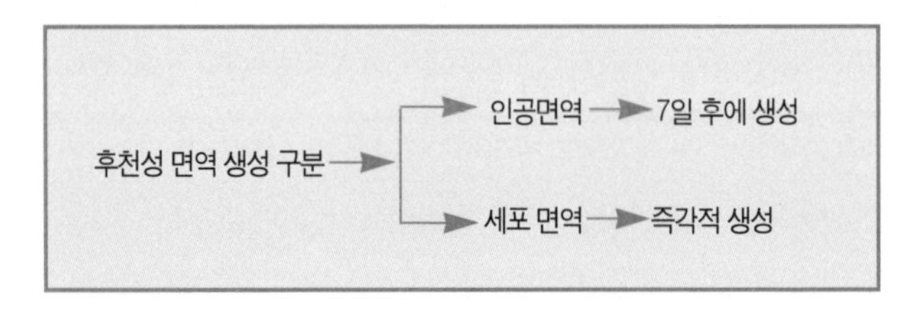

이처럼 면역은 인체가 생명을 유지하고 건강을 잃지 않기 위해 스스로를 지키는 모든 작용을 포함한다. 즉 신진대사, 소화계, 심혈관계, 호흡기계, 호르몬 분비, 뇌기능 등 신체의 모든 기능이 정상적으로 작동되도록 하는 기반이 되며, 이러한 기반이 되게 해주는 것을 포괄적으로 면역체계라고 일컫는다.

2) 인체 면역조절 시스템이 내 몸을 지킨다

문제는 요즘 현대인들은 면역력에 있어서 심각한 위협을 겪고 있다는 점이다. 불과 한 세기 전과 비교하더라도 의학이 놀라울 정도로 발전하여 많은 질병을 치료할 수 있게 되었고, 외과 기술과 예방의학이 발달했으며, 위생이나 건강에 대한 상식 수준도 매우 높아졌다. 그 결과 인류의 영양 상태가 전반적으로 좋아지고 수명도 매우 길어진 것은 사실이다.

그럼에도 불구하고 아이러니하게도 현대인의 인체 면역 시스템에는 전에 없던 문제점들이 생기기 시작하였다. 기존의 항생제가 듣지 않는 새로운 종류의 바이러스를 비롯한 신종 질병들이 지속적으로 발생하고 있을 뿐만 아니라, 만성 위장질환이나 두통, 알레르기, 스트레스성 질환, 만성 통증 등 거의 모든 현대인들이 저마다 만성적이고 고질적인 질병들을 한 가지 이상씩 지니고 있다 해도 과언이 아니다.

문제는 면역에 있다

과거보다 발달한 의학수준과 환경과 전반적인 고영양 상

태에도 불구하고 인류가 오히려 더 다양하고 새로운 질병과 질환에 시달리고 있는 것은 인체 고유의 선천적 면역체계가 제대로 기능하고 있지 못하기 때문이다. 또한 선천면역을 보완하는 후천면역 시스템에도 이상 현상이 생겼기 때문이다.

그렇다면 왜 인체의 기능을 정상화하는 면역시스템에 오류가 생긴 것일까?

이것은 마치 지나친 자극과 오작동으로 인해 과부하에 걸린 기계와도 같다. 즉 예전과 달라진 현대적인 환경에서 각종 오염과 독소에 의해 공격을 당한 인체가 외부 공격을 미처 다 막아내지 못하는 현상이 누적된 것이다.

인체 고유의 면역체계에 오류가 생기면 혈관과 신경, 주요 장기에 독소가 쌓이기 시작한다. 처음에는 일시적인 염증의 형태로 발생하기 시작하지만 염증이 만성화되면서 그 기관이 정상적인 기능을 하지 못하게 된다. 이때부터 여러 가지 순환과 분비 기능에 문제가 생기는데 이를 면역력이 저하된 상태라고 할 수 있다.

3) 교란된 면역시스템이 질병을 발생시킨다

대개 면역력 문제라고 하면 면역력이 저하된 경우만을 떠올리는 경우가 많다. 그 결과 '면역력을 향상' 시켜야 건강을 회복할 수 있다고 이야기하는 것이다. 건강에 대한 광고나 문구들이 대개 '면역력 강화' 라는 표현을 사용하는 것이 그 예이다.

그러나 이것은 면역시스템에 대한 정확한 표현이라고 보기는 어렵다.

왜냐하면 면역시스템을 정상화하는 것은 단순히 면역기능을 '높이는' 것만 의미하지는 않기 때문이다.

모든 질병과 질환은 인체 면역시스템이 교란되거나 정상적으로 작동하지 못하게 되었기 때문에 발생한다.

면역시스템이 교란되었다는 것은 몸속의 수많은 기관과 장기가 각 부위별, 기능별로 갖춰야만 할 면역기능을 제대로 갖고 있지 못하거나 오작동이 되고 있다는 뜻이다.

이처럼 무너진 면역시스템에는 다음과 같은 종류가 있다.

문제는 면역 과잉에 있다

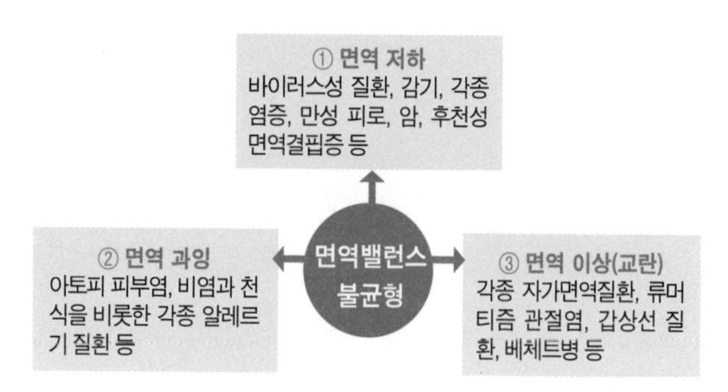

비정상적 면역시스템으로 인한 질환에는 위와 같이 다양한 범주가 있으며, 여기에는 면역 저하뿐만 아니라 면역 과잉과 교란 현상이 모두 포함된다.

다시 말해 면역시스템은 균형이 중요한 것이지 무조건 강한 것이 좋은 것은 아니다. 예를 들어 암은 면역 저하가 원인인 질병인데 반해, 아토피나 각종 알레르기성 질환은 면역 작용이 과잉 활성화된 것이 원인이라고 할 수 있다.

우리의 몸은 외부의 자극에 의해 수시로 상태가 변화하며, 스스로를 보호하기 위해 각 기관이 복잡한 상호작용을 한다. 따라서 수많은 기관과 장기가 본연의 기능을 할 수 있는 개별적인 면역작용이 필요하다. 교감신경과 부교감신경, 위와 장, 호르몬 분비, 심장과 혈관, 호흡기가 필요로 하는 것이 저마다 다르며 이 모든 시스템이 서로 균형을 이루는 것이 면역력의 핵심이다. 이러한 총체적 시스템을 고려하지 않고 무작정 면역력을 '강화' 시키는 것에만 중점을 두는 것은 인체의 복잡성을 생각하지 못한 것이다.

면역력은 기억세포 활성화가 관건이다

그렇다면 면역시스템을 정상화시키기 위해서는 제일 먼저 무엇이 기반이 되어야 할까? 이 물음에 대한 해답을 알기 위해서는 단순히 '면역력을 강화' 시키는 약이나 치료법을 찾는 것만으로는 부족하다. 우선 몸속에서 면역작용을 주도하는 세포의 역할을 알고 이 세포들이 정상적인 기능을 할 수 있는 방법을 찾는 것이 중요하다. 앞서 설명한 우리 몸의 후천면역 기능 중 핵심적인 것은 외부에서 들어온 해로운 침입자를 세포가 '기억' 한다는 점이다.

기억세포는 바이러스나 유해 세균을 포함한 침입자의 정보를 기억해두었다가 다음에 같은 상황이 벌어졌을 때 신속하게 대응할 수 있도록 즉각 대응하는 역할을 한다. 침입자를 퇴치한 방법을 매뉴얼처럼 만들어두고, 다른 다양한 면역세포들이 저마다 최적의 역할을 할 수 있도록 준비 및 활동하도록 하며,면역세포들의 숫자를 늘리도록 명령한다.

그 결과 해당 침입자를 또 다시 감지하는 즉시 방어와 공격태세를 갖추고 전투를 치르도록 NK세포, 헬퍼T세포, 세포독성T세포, B세포 등 각종 면역세포들에게 명령을 하고 진두지휘를 한다. 또한 이 전쟁의 경험과 매뉴얼을 계속해 시 기억할 수 있도록 저장하고 후내에도 물려준다.

4) 건강의 비결은 자가면역조절에 있다

우리 몸에서 기억세포가 활성화될수록 면역시스템은 균형 상태를 이룬다.

기억세포는 다양한 상황에서 어떻게 대처해야 할지에 대한 대책을 세우며, 그 상황에서 면역기능을 강화해야 하는지 혹은 저하시켜야 하는지에 대한 상황별 대응법도 적절하게 선택한다. 어떤 세포가 가장 효과적인 역할을 하는지를 알고 있으며, 면역세포들을 총괄 지휘하는 일을 하는 일종의 사령관과도 같은 헬퍼T세포도 컨트롤할 수 있다.

이때 기억세포의 명령을 전달하는 것이 바로 면역전달인자이다. 즉 기억세포에서 분비되는 일종의 정보물질인 면역전달인자 덕분에 다양한 면역세포들이 명령을 전달받고 침입자에 대한 적절한 대처를 할 수 있는 것이다.

인간의 갓난아기나 포유류의 갓 태어난 새끼들이 외부 침입자에 대한 항체가 전혀 없는 백지 상태에서 살아남을 수 있는 것은 어미로부터 섭취하는 초유 속에 면역전달인자가 들어 있기 때문이다.

면역전달인자는 자가면역조절 기능을 정상화시킨다

면역세포들이 제 기능을 할 수 있도록 적절하게 진두지휘하고 각자 맡은 역할을 하려면 면역세포의 기능성, 즉 면역지능이 얼마나 높은지가 중요하다. 면역세포 활성화에 직접적인 영향을 끼치는 헬퍼T세포는 이러한 면역지능을 담당하는 대표적인 세포로서, 전쟁으로 치면 전투부대의 사령관에 비유할 수 있다.

이 사령관이 전투를 지휘하고 전략을 세우려면 전투지에 대한 올바른 정보를 실시간으로 입수하는 것이 매우 중요

할 것이다. 모든 전쟁에서는 정보가 생명이라 할 수 있는데, 이 정보를 제공해주는 역할을 하는 것이 '면역전달인자' 라 불리는 물질이다.

면역전달인자는 질병의 원인이 되는 외부 침입자를 직접 물리치는 것은 아니다. 하지만 우리 몸의 면역시스템이 원활하게 작동하도록 하는 데 결정적인 역할을 해준다. 단순히 면역력을 강화시키거나 저하시키는 것이 아니라 시스템 전체가 효율적으로 작동되도록 균형을 잡아주고 유지해주는 일을 하는 것이다.

면역시스템의 균형과 정상화

면역시스템이 침입자를 즉각 인지하고, 대비하고, 공격을 할 수 있도록, 즉 T세포, B세포, NKT세포, 대식세포 등 다양한 면역세포들의 기능이 최적화되도록 해주는 것이 바로 면역전달인자이다.

그래서 면역전달인자는 비단 면역력을 강해지게만 해주는 것이 아니라 면역시스템의 가동에 있어서 오류를 줄이고 균형을 잡게 해준다.

면역기능이 강화되어야 할 때 저하가 되지 않도록, 혹

은 기능을 자제하며 지나치게 과잉 강화되지 않도록 안정화시킨다.

그 결과 면역 저하로 인한 암, 면역 과잉으로 인한 알레르기, 면역기능 불균형으로 인한 자가면역질환 같은 서로 다른 원인들로 인한 다양한 질환들을 개선하거나 치료하는데 통합적인 도움이 되는 것이다.

따라서 면역전달인자는 인체의 자가면역조절기능이 정상화되도록 하는 데 있어서 결정적인 역할을 한다고 할 수 있다.

5) 면역조절 정상화를 위해서는 무엇을 해야 되는가?

면역세포와 면역전달인자를 포함한 우리 몸의 총체적인 면역시스템이 정상화되기 위해서 제일 먼저 선행되고 병행되어야 할 것은 체내에 과다 축적되어온 독소를 배출시키는 일이다.

독소는 면역시스템 교란에 직접적인 영향을 끼친다. 이는 독소가 오염을 초래하고 기능을 망가뜨리는 것이 바로 세포 단위이기 때문이다.

인체는 선천적인 면역기능, 즉 외부의 침입자로부터 스스로를 지키는 면역시스템을 가지고 있지만, 독소의 양과 빈도수가 정상 범위를 넘어서게 되면 아무리 탁월한 인체 면역시스템도 과부하가 걸리고 고장이 나고 만다.

아무리 잘 만든 기계라 할지라도 잘못된 환경에서 잘못된 방법으로 사용하거나 과열된 채 계속 사용하면 폭발하거나 고장이 날 것이다. 마찬가지로 독소에 의한 공격이 지나치게 반복되면 인체 고유의 면역세포와 면역전달인자의 기능에도 문제가 생긴다.

그런데 현대인은 거의 대부분 과잉 독소에 무방비하게 노출되어 있는 것이 현실이다. 여기서 말하는 독소란 그 종류가 매우 광범위하다. 반복되는 정신적 스트레스가 독소가 될 수도 있고, 식품첨가제나 화학제품, 환경호르몬이 독소로 작용할 수도 있다. 최근 사회문제로 대두되고 있는 미세먼지와 초미세먼지 또한 독소에 속한다.

독소와 면역시스템 저하로 나타나는 신호들

독소로 인한 현대인의 질환들은 그야말로 다양하다. 대

부분의 사람들이 가지고 있다고 해도 과언이 아닌 만성피로는 매우 복합적인 질병이다. 만성피로는 피로감을 비롯해 두통이나 만성 통증, 불면증, 우울증, 위장질환 등을 동반하는 경우가 많다.

이러한 증상들은 환경과 생활습관으로 인하여 우리 몸의 해독 기능이 저하되었기 때문에 나타난다. 해독 기능이 떨어지면 우리 몸은 그 기능을 다시 끌어올리기 위해 안간힘을 쓰기 때문에 이때 과도하게 사용되는 에너지로 인하여 지속적인 피로감을 느끼게 되는 것이다.

그 결과 쉬어도 쉰 것 같지 않고, 아침에 일어나도 개운하지 않으며, 소화나 배설 작용이 원활하지 않는 등의 불편함이 반복되는 것이다.

현대화되고 서구화된 지구상의 대부분의 국가에서 심각한 문제로 부상한 비만도 근본 원인은 독소에서 찾을 수 있다. 비만의 일차적인 원인은 지나치게 고열량인 식습관과 운동부족 때문이지만, 문제는 체내에 과도하게 축적된 지방이 독소로 인한 것이며 한 번 형성된 지방에 계속해서 독소가 더 잘 쌓이는 시스템이 만들어진다는 점이다.

내 몸을 건강하게 하려면 세포 단위의 디톡스가 필수

독소가 쌓이면서 지방이 분해되지 못하고, 분해되지 못한 지방에 더 많은 독소가 축적되는 악순환이 이어진다. 이로 인해 쉽게 살이 빠지지 않는 체질, 소위 '물만 먹어도 살이 찌는' 체질이 될뿐더러 비만으로 인한 각종 질병이 동반된다.

더구나 지방세포는 한 번 커지면 크기가 다시 줄어들기 어렵다. 최근 들어 다이어트에 있어서 독소 세거, 즉 디톡스가 화두가 되고 있는 것은 이러한 악순환의 고리를 끊는 것이 중요하다는 것이 알려졌기 때문이다.

이처럼 현대사회에 만연한 흔한 질환들의 대부분은 독소 축적에서 그 원인을 찾을 수 있으며, 체내에 쌓인 독소로 인해 전반적인 면역시스템이 교란되고 기능에 문제가 생겼기 때문이라고 할 수 있다.

그러므로 우리 몸의 면역시스템을 정상화시키기 위해서는 체내의 독소를 제거하는 디톡스, 그중에서도 세포 단위의 근본적인 디톡스가 필수적이라 할 수 있다.

2장 몸도 비우고 살도 빼는 디톡스의 기적

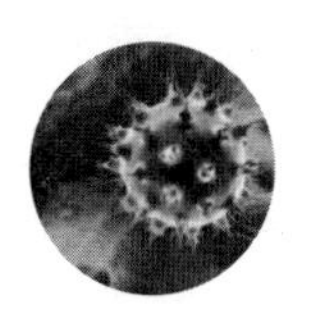

1) 왜 디톡스인가?

현대인들에게 '디톡스' 라는 말이 유행어처럼 번지고 건강과 다이어트, 면역력의 키워드로 자리매김하게 된 것은 그리 오래된 일이 아니다.

'몸속의 독소(toxin)를 제거=해독(detoxification, Detox)' 이라는 뜻을 가지고 있는 디톡스는 일종의 대체의학적인 개념이다.

원래 의학적인 의미에서 해독이라는 것은 곤충이나 뱀에 물렸을 때, 혹은 독극물을 섭취했을 때 몸속에 들어간 독성 성분을 제거한다는 뜻이었다. 그러나 외상을 외과적으로 치료하거나, 비정상적인 증상을 약물이나 물리적, 화학적 요법에 의해 일시적으로 잠재우는 데 치중되어 있던 서양의학에서 내세우던 건강에 대한 개념이 서서히 변화하기 시작하였다.

증상을 없애는 것이 아니라 질병의 근본적인 원인을 찾고 우리 몸의 기능을 정상화해야 한다는 개념이 주목받게 된 것이다.

디톡스는 본연의 상태로 되돌리는 것이다

그러면서 '독소'에 대한 의미도 조금씩 바뀌기 시작하였다. 신체가 다양한 형태의 독소에 의해 오염되고 손상되어 본연의 기능을 하지 못하게 된 결과 각종 질병이나 만성질환에 시달리게 된다는 것이다.

즉 현대인의 체내에 축적된 독소를 제거한다면 각 장기와 세포 활동이 정상화됨으로써 인체 본연의 면역시스템이 제대로 기능하게 되고, 그 결과 인간의 몸이 원래부터 가지고 있던 자가치유력을 회복할 수 있다는 것이 디톡스의 개념이다.

몸속에 누적되어 있던 독소와 노폐물이 원활하게 체외로 배출되도록 하여 신체 기능을 회복시키고 건강을 되찾을 수 있다는 디톡스 개념은 많은 현대인들의 공감을 불러일으키고 있다. 그 이유는 인위적인 시술이나 약물에 의한 치료가 아니라 '본연의 상태를 회복' 하는 것이 중요하다는 사고방식이 의학계와 일반인 사이에서 인정받게 되었기 때문이다.

독소를 없애야 내 몸은 정상화 된다

빠른 속도로 유행하게 된 디톡스는 다이어트부터 난치병 치료까지 다양한 분야에서 사용되고 있다. 위장을 비워 일부러 공복 상태를 만드는 단식, 장 내부에 쌓인 노폐물을 제거하기 위한 장 청소도 디톡스라 할 수 있다.

최근 서양에서는 젊은 여성들을 중심으로 다이어트 요법의 일종인 레몬 디톡스가 유행한 바 있다. 가공식품, 육류, 인스턴트식품을 줄이고 채소와 유기농 식재료 섭취를 늘리는 것은 음식을 통한 디톡스에 속한다. 암 같은 난치병이나 만성질환의 치유에 있어서도 화학요법보다 독소를 제거하는 다양한 요법들이 제시된다.

만병의 근원이 되는 스트레스를 줄이기 위해 명상 등을 통해 마음 다스리기를 시도하는 것은 정신적인 디톡스라 할 수 있다. 현대인에게 정신적 피로를 유발하는 스마트기기를 하루 정도 차단시키고 휴식을 취하는 디지털 디톡스도 각광받고 있다.

이처럼 디톡스는 매우 광범위한 분야에서 현대인의 건강 트렌드로 자리 잡게 되었다. 그리고 그 중심에는 '자연치유' 혹은 '자가치유' 라는 핵심 모토가 자리 잡고 있다.

2) 신체 균형을 위한 디톡스의 개념

디톡스는 다음의 두 가지 개념을 포괄하는 것이다.

① **방어** - 유해한 물질이나 감염의 원인이 되는 물질이 체내에 과도하게 유입되는 것을 미리 막는 것

② **배출** - 이미 체내에 유입되고 축적된 독소와 유해물질이 몸 밖으로 원활하게 배출되도록 촉진하는 것

이때 의학적인 의미에서의 독소는 몸 밖에서 유입되는 유해물질뿐만 아니라 체내의 대사과정에서 생성되는 활성

산소, 노폐물도 모두 포함하는 것이다.

체내에 쌓인 노폐물은 폐, 신장, 대장, 피부 등 각 기관을 통해 자연스럽게 배출되는 것이 정상이지만, 노폐물의 양과 축적된 양이 정상 범위를 넘어서면 미처 배출되지 못하고 몸 안에 남게 된다. 그리고 이렇게 남겨진 노폐물이 독소가 되어 온갖 질병과 만성적 질환의 원인이 된다.

인체는 원래부터 디톡스 기능을 가지고 있다

원래 인체는 몸속의 독소를 스스로 없애고 적절히 배출하는 기능을 가지고 있다. 앞 장에서 설명한 것처럼 우리 몸은 세포 단위의 강력한 면역시스템을 갖추고 있으며, 이 시스템이 정상적으로 가동될 때 독소가 제때 제거되어 건강한 신체가 유지된다.

그래서 사람의 몸은 매 순간 수많은 바이러스와 독소, 오염물질에 노출되고 있음에도 불구하고 세포 단위부터 쉼 없이 활동하고 있는 덕분에 일상적인 삶을 지속할 수 있다.

피부와 체액은 외부 자극으로부터 내부 장기를 일차적으로 보호하고, 위에서는 강력한 산성을 띠는 위액을 분비해 해로운 세균을 상당수 제거하며, 간은 몸속 독성 성분을 분해한다. 또한 신장은 노폐물을 정교하게 걸러내고, 대장에서는 배설을 통해 노폐물의 찌꺼기를 몸 밖으로 내보내는 역할을 한다.

이와 같이 각 기관이 제 역할을 함으로써 우리 몸은 독소를 배출하며 항상성을 유지할 수 있다. 그러나 인체가 감당할 수 있는 양보다 많은 양의 독소가 한꺼번에 유입되거나, 인체가 감당할 수 없는 강도의 강력한 독소가 장기간 몸속에 축적되다 보면 인체 본연의 디톡스 기능은 떨어지기 시작한다. 따라서 진정한 의미의 디톡스는 몸속의 독소를 제거하고 배출하는 것뿐만 아니라 우리 몸이 원래부터 갖고 있는 본연의 해독 기능을 되살리는 것이라 할 수 있다.

3) 내 몸의 독소가 병을 키운 이유는 여기에 있다

현대인의 몸을 공격하고 건강을 위협하는 각종 독소는 과거의 인류는 전혀 접하지 못한 것들이었다.

인간의 신체구조와 장기 기능, 면역시스템 자체는 수천, 수만 년 전의 인류와 유전적으로 크게 달라지지 않았음에도 불구하고, 최근 수십 년 사이에 폭발적으로 증가한 각종 인공적인 독소에 갑자기 노출된 것이나 다름없다. 면역시스템이 교란되고 암 발병률이 증가하며 면역과 관련된 다양한 질병이 늘어난 이유는 너무 갑자기 바뀐 환경에 인간의 몸이 미처 적응하지 못했기 때문이다. 우리 몸의 기관과 세포가 독소를 정상적으로 처리하지 못해 생기는 대표적인 질병들은 다음과 같다.

- 암

암은 각종 화학적 발암물질에 의해 유발되는 가장 대표적인 질병이다.

화학 성분의 유해물질들이 인체에 침투한 채 정상적으로 해독되지 못하면 인체의 세포 자체를 파괴하거나 기능을 망가뜨리며 나아가 세포의 DNA 자체를 변형시킨다. 세포가 망가지거나 변형되어 생기는 것이 바로 암세포이다. 암은 면역력이 저하되고 면역시스템이 망가졌을 때 발병하는 대표적인 질병이라 할 수 있다.

예전에는 암을 치료하기 위해 암세포를 없애는 화학요법에만 치중했지만, 최근에는 암세포를 없애는 것이 아니라 몸속 독소를 최대한 해독하고 제거하는 데 주목하고 있다.

- 위장 질환

위장병, 변비, 과민성 대장증후군 등 각종 위장 질환들은 현대인이 거의 누구나 겪고 있거나 경험해본 적 있는 가장 흔한 질병들이다. 특히 대장에 가스가 차고 변비와 설사를 동반하는 과민성 대장증후군은 한국인의 15~20퍼센트 이상이 앓고 있을 정도로 흔한 질병이기도 하다. 이와 같은 위장 질환의 주된 원인은 장내 축적된 독소라 할 수 있다.

장은 면역세포가 집중되어 있는 기관이자 여러 신경전달물질이 생성되는 중요한 기관이다. 그런데 다양한 원인으로 유입된 유해물질과 독소가 제대로 해독되지 못하면 장에 서식하는 유익한 세균과 유해한 세균의 적정 비율이 깨지면서 염증이 유발되고 다른 장기로 독소가 퍼져나간다.

- 불임과 난임

화학물질, 환경호르몬, 유전자 변형 식품 등이 인간에게 큰 위협이 되는 이유는 당장은 그로 인한 영향과 결과가 눈에 보이지 않는 것 같아도 장기적으로 인간의 생존에 악영향을 미치기 때문이다.

인체에 축적된 독소는 호르몬 분비와 세포 기능, 나아가 DNA에 이상 현상을 유발할뿐더러 자손에게도 대대로 이어진다. 여성의 경우 배란과 월경에 문제가 생기고, 남성의 경우 정자의 형성과 활동성에 문제가 생긴다. 이는 난임과 불임의 직접적인 원인이다.

- 고혈압과 당뇨병

중금속과 환경호르몬은 인체에 한 번 유입된 후에는 배출되기가 어렵기 때문에 지속적으로 세포 기능을 망가뜨리고 면역시스템을 방해한다. 혈압을 조절하는 부신을 손상시켜 고혈압이 발병할 수 있는 환경을 만들고, 노폐물을 걸러내는 신장을 과부하게 걸리게 하여 당뇨병이 생기기 쉽게 만든다.

- 아토피, 알레르기, 피부질환

요즘 도시에 사는 어린이들에게 매우 흔한 질병이 된 아토피와 알레르기를 비롯한 각종 피부질환도 체내 독소 축적으로 인한 것이다.

아토피가 발병하는 원인은 면역시스템이 정상적으로 작동하지 못하기 때문이며, 면역시스템에 문제가 생긴 이유는 체내의 독소가 외부 환경에 의해 침투되었을 뿐만 아니라 부모의 신체를 통해 자궁 속의 태아에게도 그대로 전달되었기 때문이다. 따라서 아토피를 비롯한 난치성 피부질환을 치료하기 위해서는 태아 시절부터 장기적으로 축적되어온 독소를 해독하는 것에서 출발해야 한다.

4) 체계적인 디톡스를 하려면 체크해야 할 사항은 무엇인가

몸속의 독소를 해독하는 것은 각종 질병을 근본적으로 치유하고 면역시스템이 정상적으로 작동하도록 하기 위해 매우 중요하다. 인체의 기본적인 면역체계가 바로잡히고 나면 해독을 담당하는 각 기관들이 제 기능을 할 수 있게 된다. 나아가 지속적으로 유입되는 생활 속의 독소를 바로바로 배출하는 능력도 향상될 것이다.

면역시스템이 정상으로 돌아오면 인체의 자가치유능력

은 자연스럽게 회복된다. 배설과 배출을 담당하는 장, 신장, 간, 림프계의 기능이 강화될수록 독소 배출은 원활해지고, 각종 만성적인 질환과 난치성 질환도 근본적인 치유 및 예방이 가능해진다.

디톡스의 개념을 이해해야 한다

이러한 근본적인 의미의 디톡스를 위해서는 식단을 조절하거나 몸에 좋은 음식을 일시적으로 섭취하는 것만으로는 부족하다. 세포 단위의 디톡스를 통해 우리 몸의 전반적인 시스템을 변화시켜야만 내 몸을 정상화할 수 있다.

현대인은 생활 속에서 유해물질을 피하는 것이 불가능하고, 화학물질이 가득한 환경에서 벗어나는 것도 불가능하다. 먹거리에서 유해성분을 피하는 것도 현실적으로는 매우 어렵다. 그래서 현대인은 부족한 영양소를 보충하기 위해, 혹은 결핍되기 쉬운 성분을 채우기 위해 영양제를 섭취하거나 다양한 건강기능식품을 섭취하기도 한다.

그런데 몸의 면역시스템을 정상화시키는 해독기능을 되살리기 위해서는 부족한 영양소를 채우는 것에서 한 발 더 나아가 세포 단위의 활성화를 돕는 과정이 선행되어야 한다. 좀 더 구체적으로 덧붙이자면 세포의 면역작용이 정상화될 수 있도록 해야 한다는 것이다.

제대로 된 디톡스 프로그램을 해야 한다.

때문에 21세기의 건강 트렌드는 단순한 영양 보충에서 나아가 과학적인 기능성을 제대로 파악하고 원리를 아는 데서 출발하는 것으로 변화하고 있다. 독소에 의해 손상된 세포가 재생될 수 있도록 하고 활동성이 떨어진 세포가 정상적으로 활동할 수 있도록 하여 면역세포의 본래의 기능을 활성화시키는 방향으로 나아가야 한다. 집으로 비유하면 단순히 창문을 수리하거나 페인트칠만 새로 덧칠하는 것으로는 그 집을 튼튼하게 바꾸기 어려울 것이다. 집의 외벽을 허물고 기둥부터 제대로 세워 비바람을 이겨낼 수 있는 집으로 바꾸는 과정이 필요하다. 이것이 현재 주목받고 있는 디톡스와 면역의 개념이다.

그렇다면 다음 장에서는 의학계에서 과학적으로 입증된 신개념 전달물질로 알려진 트랜스퍼 팩터를 통해 내 몸의 건강을 지키는 것에 대해 알아보자.

3장 내 몸을 살리는 트랜스퍼 팩터의 비밀

1) 트랜스퍼 팩터의 발견

인류가 각종 전염병에 의해 무수히 희생되는 일이 흔했던 1796년, 영국의 의학자 에드워드 제너는 천연두 예방접종을 최초로 실시하여 성공을 거두었다. 이 엄청난 사건은 현대 면역학의 시초이자 기반이 되었다.

한 세기쯤 흐른 1885년, 프랑스의 세균학자인 파스퇴르는 예방의 원리를 밝히면서 최초로 광견병 예방접종을 만들었다. 그는 독성을 약화시킨 균을 주입하면 사람의 몸에 면역력이라는 것이 생겨 같은 병에 다시 걸리지 않는다는 사실을 발견했다.

그 후 면역학은 20세기 의학 역사에서 매우 중요한 위치를 차지하였다. 스코틀랜드의 생물학자 알렉산더 플레밍은 1928년 곰팡이에서 화학 물질을 얻어 박테리아로 인한 질병 치료에 쓰이는 항생제인 페니실린을 발견하게 되었다. 항생제는 인류의 위대한 발견 중 하나로 꼽힌다.

인체에서 발견한 신개념 전달물질

미생물, 질병, 면역에 대한 역사적인 발견들이 이어지면서 인류의 수명과 건강은 과거와는 확연히 다른 변화를 맞이하기에 이른다. 20세기 들어서 특히 인체의 면역시스템과 면역의 원리에 대한 연구가 꾸준히 이어졌다. 수많은 연구와 발견 중 빼놓을 수 없는 것은 1949년 미국의 면역학자 H.셔우드 로렌스(H. Sherwood Lawrence) 박사가 발견한 '트랜스퍼 팩터' 라는 물질이다.

셔우드 로렌스 박사는 결핵 치료에 대한 연구를 하던 중 인간의 혈액 속에 트랜스퍼 팩터라는 물질이 있다는 것을 발견하였다. 당시 그는 결핵 연구를 하던 중, 결핵에 걸린 환자의 혈액 속의 백혈구에서 특이한 저분자 물질을 추출하였다. 그리고 이 물질을 결핵에 감염되지 않은 사람에게 주사하였을 때 면역반응이 전이됨을 알게 되었다.

로렌스 박사는 결핵 감염자의 면역 정보가 이 추출물을 통해 전달된 것으로 파악하였고 이 물질을 트랜스퍼 팩터라고 명명하였다.

면역정보를 전달해주는 분자(미립자)

우리말로는 '전달인자' 혹은 '전이요소' 라고 번역될 수 있는 트랜스퍼 팩터는 '항원에 면역이 생긴 동물의 백혈구 융해 추출물질 중 투석성 저분자물질' (생명과학대사전 참조)로 풀이된다. 면역이 없는 개체에 이 물질을 투여하면 특정 바이러스나 진균에 대한 면역능력이 전달된다는 의미에서 '전달' 이나 '전이' 라는 용어가 사용되었다.

트랜스퍼 팩터에 대한 연구는 그 후로도 계속 이어졌다. 1974년에는 초유에, 1989년에는 일반적인 포유류의 초유와 조류의 난황에 트랜스퍼 팩터가 존재한다는 사실이 밝혀졌다. 즉 포유류는 어미의 젖을 통해, 조류는 알 속의 노른자를 통해 면역력을 다음 세대에 전달한다는 것이다.

더 놀라운 점은 이 물질이 다른 종에게도 면역정보를 전달하고 공유할 수 있다는 점이었다. 즉 같은 인간끼리가 아니더라도 다른 종으로부터 얻은 면역에 대한 정보를 전달해주는 미립자가 바로 트랜스퍼 팩터라 할 수 있다.

트랜스퍼 팩터는 인공 약품도 화학물질도 아니며, 영양

소나 비타민과도 전혀 다른 새로운 개념의 천연물질이다. 이후 소의 초유와 계란 노른자에서 추출하여 인간에게 적용할 수 있는 기술력을 인정받게 되었고 1997년에는 트랜스퍼 팩터의 대량생산 추출이 성공하기에 이르렀다.

[이거 알아요?]

1970년대 국내 언론에 보도된 트랜스퍼 팩터

트랜스퍼 팩터는 아직 우리나라에서는 잘 알려지지 않은 생소한 물질인 것처럼 보일 수 있다. 그러나 일찍이 1970년대에 국내 언론에 보도된 적이 있다는 것을 아는 사람은 많지 않다. 실제로 트랜스퍼 팩터를 추출하여 나환자에게 적용하자 유의미한 효과가 있었다는 연구 결과가 당시 신문에 게재된 바 있다.
1971.9.24일자, 1973.9.21일자, 1973.10.12일자의 동아일보 기사에 따르면 "미국 뉴욕 주립대학의 면역학자 셔우드 로렌스 박사가 세포에서 면역체를 추출하여 트랜스퍼 팩터가 있다는 것을 알아냈다. 이에 정보를 얻은 서울대 외과대학 임수덕 박사는 혈액형과 백혈구형이 같은 정상인의 혈액에서 1회에 12~20억 개의 트랜스퍼 팩터를 추출하여 나환자에게 주입, 3~6개월 후 나균이 검출되지 않음을 발견하였다."는 내용을 확인할 수 있다.

2) 세계 의학계가 트랜스퍼 팩터에 주목하는 이유는?

로렌스 박사가 트랜스퍼 팩터를 발견한 이후 전 세계 의학계에서는 비상한 관심을 보이며 수십 년에 걸쳐 다양한 실험 및 임상연구를 이어왔다. 이처럼 트랜스퍼 팩터가 의학계에서 주목을 받은 이유는 안전성과 유용성이 매우 뛰어났기 때문이다.

연구에 의하면 트랜스퍼 팩터는 인간끼리 혹은 같은 종의 동물끼리만 효과가 있는 것이 아니라 종을 뛰어넘어 전이효과가 있고 면역시스템 정상화 효과가 있는 것이 밝혀졌기 때문이다. 인체에서 트랜스퍼 팩터를 일일이 추출해 내려면 복잡한 과정과 비용이 들지만, 소나 닭 같은 다른 종으로부터 얻은 트랜스퍼 팩터라 하더라도 면역정보를 전달하는 능력은 동일하기 때문에 매우 유용한 것이다.

게다가 인공 화학적으로 만든 물질이 아니라 모든 생물의 몸속에서 유래한 천연 미립자이기 때문에 자연을 거스르지 않고 부작용이 나타나지 않았다.

50년간 이어진 임상연구

트랜스퍼 팩터를 의학적으로 상용화할 수 있다는 가능성이 처음 증명된 것은 소를 대상으로 한 동물실험이었다. 맨 처음 과학자들은 다른 동물의 혈액에서 추출한 트랜스퍼 팩터를 병든 소에게 주사하는 실험을 시행했다. 이 실험에서 타 동물의 트랜스퍼 팩터를 주입받은 소의 증상이 개선되는 결과가 나온 것이다.

이후 의사와 과학자들은 트랜스퍼 팩터의 효능을 계속해서 검증하고 상용화를 하기 위한 다양한 연구를 했다. 로렌스 박사의 연구 이후 20세기 말까지 약 50년이라는 긴 세월 동안 관련 연구 보고서만 3천여 건, 10차례 이상의 국제회의, 투자된 순수 연구비만 4천만 달러가 넘었다.

캡슐화, 상용화가 이루어지다

사람과 동물의 혈액, 초유, 난황 등 생물에서 자연 추출해야 한다는 점에서 초기에는 트랜스퍼 팩터의 대량생산과 상용화는 쉽지 않았다. 그래서 20세기 말까지는 대량생산을 할 수 없었다. 캡슐이나 식품 형태가 아니라 주사요법으로만 인체와 동물에게 투여가 가능했는데 주사요법만 가능하다는 것은 일반적인 상용화는 어렵다는 뜻이었다.

그런데 1996년 획기적인 추출방법을 밝혀내었고 1997년에는 주사요법이 아닌 캡슐화를 성공시켰다. 이어서 상용화를 위한 제품 특허도 미국에서 인증되기에 이르렀다. 바야흐로 천연에서 유래한 트랜스퍼 팩터는 누구나 섭취할 수 있는 시대가 열린 것이다.

3) 러시아 연방 정부에서 병원용으로 전격 승인되다

트랜스퍼 팩터의 상용화가 가능해지고 제품이 특허를 받은 이후, 의학적 가능성과 효능을 가장 먼저 내다본 것은 러시아였다.

러시아에서는 2000년 무렵부터 각 병원과 연구소를 중심으로 트랜스퍼 팩터의 안전성과 효능을 입증하기 위한 다양한 임상 연구를 진행하였다. 그리고 얼마 후인 2005년 경 트랜스퍼 팩터의 NK세포(내추럴킬러 세포) 활성화 실험에 대한 획기적인 결과를 얻어냈다. 이 연구결과를 계기로 러시아 정부에서는 러시아 연방 내의 모든 병원과 보건소에서 트랜스퍼 팩터를 함유한 제품의 사용을 전격 허가하기에 이른다.

최초로 러시아 연방의 모든 병원에서 승인

당시 러시아 의학학회의 회원인 보로비에프 박사는 트랜스퍼 팩터의 면역 효능이 확실하고, 증상에 대한 적용 범위가 넓고, 인체에 안전하며, 성인과 어린이 모두에게 효능이 뛰어나다는 것을 입증하였다. 또한 주사가 아니라 경구 복용하는 형태이기 때문에 누구나 쉽게 사용할 수 있다는 점도 인정되었다.

그래서 러시아 보건부(정부)에서 트랜스퍼 팩터 특허 제품을 모든 병원과 의원에서 사용하거나 구입해도 좋다는 승인을 내린 것이다. 이것은 의약품이 아닌 보조제 혹은 보충제로서는 최초의 사례였으며, 사설기관이 아니라 국가 차원에서의 합법적 인허가라는 점에서 전무후무한 사례라 할 수 있다.

특히 모스크바에 있는 연방 도핑 기관에서 올림픽 선수단에게 트랜스퍼 팩터 제품 섭취를 허용했다는 점이 특별하다. 다시 말해 올림픽에 출전하는 국가대표 선수들이 트레이닝을 하거나 시합을 나갈 때도 사용할 수 있는 보조제로서 전격 승인한 것이다.

국가대표 올림픽 선수들도 섭취할 수 있는 제품

약물 검출과 부작용에 관한 기준이 매우 엄격한 올림픽 선수단에게 허용한 보조제라는 것은 그만큼 트랜스퍼 팩터 제품의 안전성을 인정하고 보장했다는 의미이다. 미량의 약물 검출만으로도 선수 자격이 박탈될 수 있는 올림픽 선수단이 섭취할 수 있는 보조제라면 일반인들에게는 더더욱 안전하다는 증거이기도 하다.

러시아 정부에서의 승인과 별개로 전 세계 의학계에서는 트랜스퍼 팩터의 의학적 효과에 대한 연구를 지금도 계속하고 있다. 예를 들어 혈액이 아닌 인간 체내의 림프구에서 추출한 트랜스퍼 팩터(dialysable leukocyte extract: DLE 또는 human leukocyte extract: HLE)에 대한 연구도 현재 진행 중인데, 그중에는 장기 생존하고 있는 암환자와 환자의 건강한 가족의 체내 림프구에서 추출한 트랜스퍼 팩터를 다른 환자에게 주입했더니 암 재발률이 억제되었다는 일본 내의 연구 결과도 학계에 보고된 바 있다.

다만 인간의 체내에서 추출하는 트랜스퍼 팩터는 환자 한 사람마다 일일이 트랜스퍼 팩터를 추출하는 작업이 그리 효율적이지 못하기 때문에 이에 관한 일본 내의 임상 연구 결과는 아직 사례가 많지 않다.

의사용 탁상 편람에 14년 연속 등재

트랜스퍼 팩터의 안전성은 미국 PDR에서도 확인할 수 있다. 미국에서 약품이나 건강기능제품이 얼마나 안전한 것인지를 주로 확인하는 기준은 의사처방 참고서적인 '의사용 탁상 편람' (PDR: Physicians' Desk Reference)이다. 의사용 탁상 편람은 미국 FDA에서 승인한 약품 및 의사 처방 없이도 섭취할 수 있는 건강보조제품을 선별해놓은 편람으로, 2016년 현재까지 지난 60년간 미국과 전 세계 국가로 발송되고 있다. 각국 의사들의 90퍼센트 이상은 처방을 내릴 때 PDR을 참조하는 것으로 알려져 있다.

트랜스퍼 팩터 제품의 경우 상용화가 된 2003년부터 현재 2016년까지 14년간 연속 PDR에 등재될 정도로 그 안전성을 인정받았다. 즉 의사나 약사의 처방 없이 섭취할 수 있고 부작용 없이 안전하며 효능이 높은 건강기능성 제품이라는 것을 알 수 있다.

[이거 알아요?]

세계적 의학논문 데이터베이스에 등록된 트랜스퍼 팩터 연구 목록

트랜스퍼 팩터의 의학 연구가 꾸준히 그리고 광범위하게 이루어지고 있다는 것은 세계적 권위의 의학논문 데이터베이스를 통해 실제로 누구나 확인할 수 있다.
미국 국립 의학도서관(NLM)에서 관장하는 세계적인 권위의 종합 의학정보검색 데이터베이스인 펍메드(PubMed, http://www.pubmed.gov)는 2010년 한국에서 이공계 분야의 대학 교수들을 대상으로 실시한 설문조사에서 연구자들의 논문 검색 사이트 중 1순위를 차지할 만큼 과학계와 의학계에서 대표적으로 꼽는 논문 데이터베이스 중 하나이다.
이 펍메드에 들어가면 트랜스퍼 팩터에 관한 전 세계 연구자들의 수많은 연구논문들이 등재되어 있음을 확인할 수 있다. 펍메드에서 찾을 수 있는 트랜스퍼 팩터 관련 논문들 중 대표적인 사례들은 다음과 같다.

〈분자생물학 시대의 트랜스퍼 팩터:편람〉(Dwyer JM, 생물요법,

1996)

〈트랜스퍼 팩터;현재의 위치와 미래의 가능성〉(Lawrence HS, 생물요법, 1996)

〈만성 폐질환자의 기관지 확장 반응에 있어서 트랜스팩터의 유용성〉(Izquierdo-Alonso JL, 호흡기)

〈AIDS 영역에 있어서 트랜스퍼 팩터, X번째의 트랜스퍼 팩터에 대한 국제 심포지움 개최, 1995. 6월 22~24일, 볼로냐, 이태리〉(생물요법, 1996)

〈박테리아 항원에 의해 유도된 트랜스퍼 팩터의 생물학적 활동성〉(Liubchenko TA; Mikrobiol Z, 1997. 7~10월)

〈AIDS와 트랜스퍼 팩터: 신화, 확실성 그리고 진실〉(Viza D; 생물요법, 1996)

〈비인강암을 위한 보조요법으로서의 트랜스팩터의 항 EBV 활동성〉(Prasad U, 생물요법 1996)

〈세포성 면역결핍, 만성피로증후군, 만성 바이러스성 간염의 트랜스퍼 팩터 치료〉(Hana I: 생물요법, 1996)

〈D3 호르몬에 반응하지 않는 전이성 전립성 암의 치료를 위한 트랜스퍼 팩터의 사용의 사전보고〉(Pizza G: 생물요법, 1996)

〈시클로스포린 A와 트랜스퍼 팩터를 이용한 중증 아토피 피부염을 위한 안전하고 효과적인 치료방법〉(Cordero Miranda MA: Rev Alerg Mex, 1999. 3~4월)

〈황색 포도상구균 항원에 효과적인 트랜스퍼 팩터〉 (Liubchenko TA; Fiziol Zh, 1997)

〈트랜스퍼 팩터를 이용한 간질의 면역증강요법〉(Simko M: Bratisl

Lek Listy, 1997.4월)

〈만성피로증후군에 있어 트랜스퍼 팩터의 실험연구에 대한 수확〉(De Vinci C: 생물요법, 1996)

〈만성피로증후군의 두 환자의 치료요법으로서 항HHV-6 트랜스퍼팩터의 사용, 두 가지 상황의 연구보고〉(Ablashi DV: 생물요법, 1996)

〈외음부나 순음부 해르페스 바이러스의 재발을 예방하는 HSV특화 트랜스퍼 팩터〉(Pizza G: 생물요법 1996)

〈재발성 안구포진감염을 치료하는데 효과적인 트랜스퍼 팩터〉(Meduri R: 생물요법, 1996)

〈HIV에 감염된 환자들의 트랜스퍼팩터(TF)와 지도부딘(ZDV)에 의한 치료 임시결과〉 (Raise E: 생물요법, 1996)

〈AIDS에 HIV특화 트랜스퍼팩터를 사용한 사전 관찰 결과〉(Pizza G: 생물요법, 1996)

〈특화 트랜스퍼 팩터의 장기간 경구투약동안의 시험관 연구〉(Pizza G: 생물요법, 1996)

〈재발성 비박테리아성 여성 방광염의 치료를 위한 트랜스퍼 팩터의 사용:시험연구결과〉 (De Vinci C: 생물요법, 1996)

〈비소성폐암(NSCLC)의 보조제로서의 트랜스퍼 팩터〉(Pilotti V: 생물요법, 1996)

〈기니 돼지의 황색포도구균항원물질에 대한 지연 과민성 환자 타입의 트랜스퍼 팩터의 격리〉(Holieva OH: Fiziol Zh, 1996)

4) 트랜스퍼 팩터가 작용하는 원리는

트랜스퍼 팩터는 인간을 비롯한 모든 포유류와 조류의 체내, 즉 혈액 속의 백혈구, 어미의 초유, 알 속의 노른자에 존재하는 물질이다.

일종의 펩타이드 분자로서 일반적인 항체보다 크기가 훨씬 작고 가벼운데, 신체의 면역반응에 중요한 영향을 끼친다는 짐에서 활발한 연구가 계속되었다. 이러한 트랜스퍼 팩터의 특징은 다음과 같이 요약된다.

치료제(×) ☞ 면역시스템 정상화(○)

: 트랜스퍼 팩터 자체를 가지고 질병을 치료하는 것이 아니라,
인체 면역시스템을 조절하고 균형을 맞추는 역할을 한다.
특히 인체 면역세포, 특히 NK세포(내추럴 킬러 세포)의 활동성을
높여준다.

인공물질(×) ☞ 천연물질(○)

: 트랜스퍼 팩터는 인공물질도 화학물질도 아닌 인간과 동물의 몸속에
원래부터 존재하는 물질이므로 독성이나 부작용이 없다.

면역지능을 높여준다

인간의 갓난아기는 갓 태어났을 때 면역력을 갖고 있지 않지만 태어난 순간부터 면역력을 발달시키기 시작한다. 다른 포유류와 마찬가지로 어머니의 초유를 섭취함으로써 면역력을 강화시키는데 이 초유 속에 들어있는 수많은 성분들 중 하나가 면역 전달인자인 트랜스퍼 팩터이다.

이는 다른 포유류와 조류도 마찬가지이다. 그래서 갓난아기의 생존을 위해서는 어머니의 초유가 매우 중요하다고 하는 것이다. 이러한 인체 면역시스템에 핵심적인 영향을 끼치는 트랜스퍼 팩터의 역할은 다음과 같다.

1단계) 인식

: 침입자(해로운 세균, 바이러스)를 인식한다.

: 트랜스퍼 팩터는 체내 면역세포로 하여금 외부에서 침입한 해로운 세균과 바이러스를 인식하도록 돕는다.

2단계) 반응

: 면역반응을 돕는다.

: 면역세포가 침입자를 인식한 후 효과적으로 대응하고 반응하도록, 즉 면역시스템이 정상적으로 가동될 수 있도록 돕는다.

3단계) 기억

: 침입자의 정보를 기억해둔다

: 침입자를 한 번 퇴치하는 데 그치지 않고 여러 면역세포가 그 정보, 즉 침입한 세균의 특정 구조를 기억해두는 것을 도움으로써 그 세균이 또 다시 침입했을 때 더욱 효율적으로 대처하도록 한다.

→ 면역지능 향상

: 트랜스퍼 팩터는 위 3단계의 면역시스템 전반이 원활히 작동되도록 함으로써 면역세포의 면역지능을 향상시키는 데 영향을 끼친다.

5) 지속적인 연구에 의해 밝혀진 트랜스퍼 팩터 기능이란

트랜스퍼 팩터를 전문적으로 정의하면 다음과 같다.

『세포에 관한 기본 정보를 제공하며 주변을 살피고 안전장치와 면역기능을 길러주며 질병과 싸우게 하는 자연(생물)에서 추출한 물질』

『세포 사이에서 항원 면역 정보를 공여자로부터 수령자로 전달하는 분자』

즉 트랜스퍼 팩터는 '세포' 를 매개체로 면역 기능을 돕는 분자 단위의 물질이다. 특정 세포의 면역기능을 돕고, 알레르기 등 과잉면역반응은 되도록 억제하며, 면역세포 중 하나인 T세포가 분비하는 화학물질인 림포카인(lymphokines)을 생성하게 하는 동시에 그 자신도 스스로 항원으로 작용한다.

임상 연구결과로 살펴보는 트랜스퍼 팩터의 기능

의학적으로 밝혀진 트랜스퍼 팩터의 기능에는 다음과 같은 것들이 있다.

〈면역기능〉

- 면역글로불린A(IgA) 항체 증가

2000년 경 러시아 국립 메디컬 사이언스 아카데미의 아나톨리 보로비예프 박사 팀이 실시한 연구에 의해 트랜스퍼 팩터가 인체 면역시스템을 정상화시킨다는 사실이 입증되었다. 트랜스퍼 팩터 제품은 인체의 방어체계인 면역글로불린A(IgA) 항체의 수를 증가시켜 면역체계를 강화한다는 사실을 보여주었다.

- NK세포(내추럴 킬러 세포) 활성화

NK세포는 특히 암세포를 퇴치하는 킬러세포로 알려져 있다. 이 세포가 활성화될수록 암을 비롯한 각종 질환을 방어하는 능력이 높아진다. 트랜스퍼 팩터 제품들은 80~98퍼센트의 세포 독성 지수를 나타내며 킬러세포를 활성화하는 것으로 알려졌다.

- T세포 활성화

트랜스퍼 팩터 제품에 CD4 자극세포를 넣고 18시간 동안 인큐베이터에서 배양한 결과, 세포 생존 능력에 부정적인 영향 없이 면역세포(T세포) 활동이 활성화된 결과를 얻었다.

- 침샘 분비형 면역글로불린(IgA) 분비량 증가

21명의 피험자를 대상으로 트랜스퍼 팩터 제품을 4주간 섭취하게 한 결과, 트랜스퍼 팩터를 섭취한 집단은 4주 후 침샘 분비형 면역글로불린(IgA) 생산에 있어서 원래보다 평균 73퍼센트가 증가한 결과가 나왔다. 21명 모두 원래보다 생산량이 감소한 사람은 없었다.

〈바이러스성 질환〉

- 헤르페스(바이러스성 포진)

임상실험에서 1년에 평균 12번 이상 포진이 재발하는 환자들을 대상으로 트랜스퍼 팩터를 섭취하게 한 결과, 포진이 재발하는 수치가 1년에 3~5번으로 줄어들었다. 개선이 가장 덜 된 집단에서도 최소 50퍼센트의 성공률을 보였다.

- 만성피로증후군

다중 작용 트랜스퍼 팩터 제품을 만성피로 증후군 환자 집단에 사용한 결과, 14명 중 9명에게서 완치 및 개선 효과가 나타났다. 비특이성 트랜스퍼 팩터 제품을 치료용으로 사용한 환자 집단에서는 6명 중 3명이 개선을 보였다.

- 간염

소의 초유에서 추출한 간염-특이성 트랜스퍼 팩터를 만성 간염 환자 집단 52명에게 적용한 결과 52명 모두에게서 증상이 호전되거나 사라진 결과가 나왔다.

- 후천성면역결핍증

트랜스퍼 팩터의 시험관 실험에서 HIV 바이러스를 80퍼센트 억제한다는 결과를 얻었다.

- 세균감염

만성적인 세균성 방광염 환자에게 칸디다-특이성 및 거대세포 바이러스-특이성 트랜스퍼 팩터를 적용시키자 세균성 방광염의 재발률이 15퍼센트 감소하였다.

〈암〉

- 항종양성

러시아 보건사회개발부의 2004년도 보고서에 따르면 러시아 암 연구센터의 키셀 레프스키 박사 팀이 실시한 시험관 연구에서 트랜스퍼 팩터의 항종양성 작용이 증명되었다.

- 방사선 치료의 부작용 감소

화학약물 및 방사선요법으로 인하여 면역억제가 유발되고 면역시스템이 무너진 환자에게 트랜스퍼 팩터 제품을 섭취하게 한 결과, 방사선 치료로 인한 면역억제가 감소되는 양상을 보였다. 여러 보고서에 따르면 트랜스퍼 팩터는 1차적인 종양 억제 작용뿐만 아니라 화학요법이 야기하는 2차적인 부작용(저항력 저하, 감염증 등)을 최소화하는 것으로 알려졌다.

- 암환자 생존률 증가

전립선암 환자에게 특수 제조한 트랜스퍼 팩터를 투여한 결과, 전립선암에 저항하는 세포 매개 면역물질이 전달되어 같은 기의 암환자보다 높은 생존률을 보였다.

〈당뇨병〉

- 당뇨병 완화

트랜스퍼 팩터 제품의 면역시스템 정상화 기능(면역 유발+억제)은 당뇨병을 완화하거나 예방하는 데 효과적이라는 결과가 관찰되었다.

〈아토피 피부염〉

- 피부염증 개선

30명의 중증 아토피 피부염 환자를 대상으로 트랜스퍼

팩터로 치료한 결과, 홍반, 습진, 소양증(가려움증), 구진증을 지닌 4개의 환자 집단에서 증상 개선 효과를 보였다.

〈루게릭병〉

- 루게릭병 진행 억제

루게릭병 환자 집단에게 억제-트랜스퍼 팩터를 투여하여 치료한 결과, 17명 중 9명에게서 병의 진행속도가 느려지는 것을 발견하였다. 트랜스퍼 팩터로 인한 효과는 4주간 지속되었고 다른 부작용은 발견되지 않았다.

〈치매〉

- 알츠하이머

알츠하이머에 있어서 트랜스퍼 팩터는 신경세포 축색 섬유의 단백질에 대한 항체 반응에 관여하는 것으로 밝혀졌다. 트랜스퍼 팩터 제품을 알츠하이머 환자에게 투여한 결과 9명 중 6명에게서 말하기, 사물 인식, 운동성에 있어서 유의미한 완화 양상이 나타났다.

〈노인 건강〉

- 생물학적 노화속도 감소

트랜스퍼 팩터 제품을 55~73세 연령대의 11명의 피험자에게 6주 동안 섭취하게 한 연구에서, 6주 후 심혈관기능, 청력, 균형감각, 폐활량 수치 등 여러 부분에서 유의미한 개선을 보였으며 생물학적 나이는 평균 4세씩 젊어진 것으로 나타났다.

러시아 국립 메디컬 사이언스 아카데미 과학실험 결과

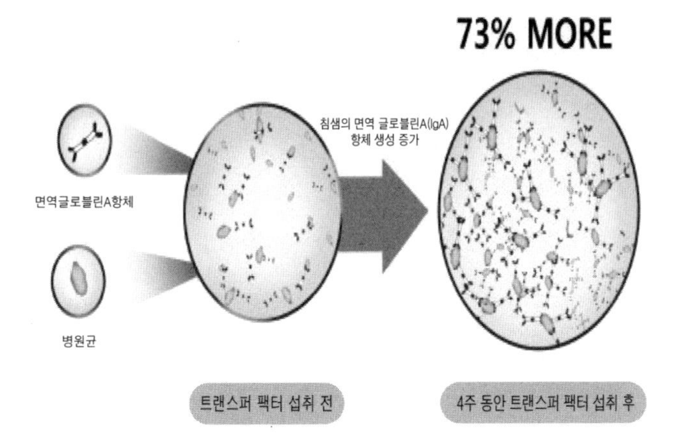

6) 면역시스템 불균형과 트랜스퍼 팩터 작용

인체의 면역시스템은 외부에서 침입한 바이러스나 병원균 등 유해물질에 대해 적절히 대응하고, 그 물질을 기억해 둠으로써 인체가 계속해서 질병을 이겨내고 항상성을 유지하게 해준다. 그래서 건강하게 산다는 것은 곧 면역시스템이 활성화되도록 한다는 뜻이다.

앞서 설명한 것처럼 면역시스템은 강화만 되어서도, 약화만 되어서도 안 된다. 과잉되거나 약화되거나 균형이 무너질 때 나타나는 것이 바로 질병이다.

면역반응이 과잉되면 알레르기나 아토피에 걸리기 쉬운 몸이 되고, 면역반응이 평균 이하로 떨어지면 병원균에 잘 감염되며 암에 잘 걸리는 몸이 된다. 그리고 면역시스템이 불균형을 이루면 다양한 종류의 자가면역질환과 다발성 경화증, 당뇨병 등에 걸리기 쉽다.

면역반응을 유도+조절+억제하는 역할

면역시스템이 교란상태에 이른 것을 일컬어 세포의 '면역지능' 이 떨어졌다고 표현할 수 있다. 면역시스템에서 가장 중요한 것은 무조건 강해지는 것이 아니라 적절한 밸런스를 이루는 것이다.

트랜스퍼 팩터가 면역조절을 할 수 있는 이유는 각각의 역할이 다음과 같이 세분화되어 있기 때문이다.

유도(Inducer-Transfer factor)

: 면역세포가 면역정보를 전달받을 수 있도록 유도한다.

특수항원(Antigen-Transfer factor)

: 몸속에 침투한 병원균, 바이러스의 정체를 정확히 인지할 수 있도록 정보를 제공한다.

억제(Suppressor-Transfer factor)

: 자가면역반응과 같은 면역 과잉 혹은 교란반응을 억제한다.

트랜스퍼 팩터는 특정한 질환이나 증상을 강화시키거나 약화시키는 물질이 아니라, 면역정보를 전달하고 교육하며 조절하는 '인자' 이다.

그러므로 면역시스템의 밸런스를 맞춰주어 우리 몸의 면역세포의 면역지능을 궁극적으로 높여주는 역할을 한다. 면역지능이 높아질수록 총체적인 면역시스템은 균형을 이루게 되고 유해한 침입자와 위험요소에 대응하는 능력도 커진다.

[이거 알아요?]

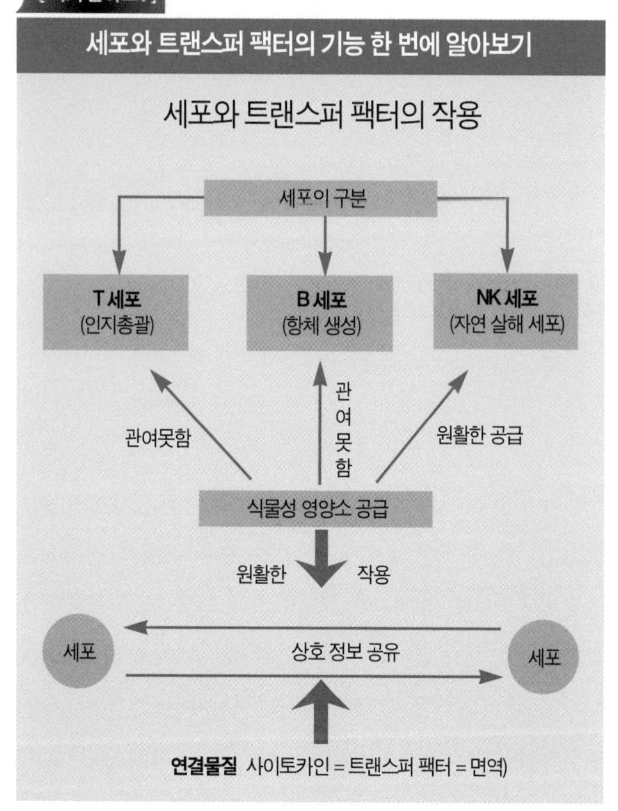

- 사이토카인이란? : 신체 방어체계를 제어하고 자극하는 신호물질이다.
- 트랜스퍼 팩터란? : 기억세포가 분비하는 정보전달인자이며 T세포에서 추출한 면역조절 물질이다.

7) 부작용 없는 높은 안전성의 이유

시중에 상용화되고 있는 트랜스퍼 팩터 포뮬러 제품은 소의 초유와 달걀의 노른자에서 추출한 나노 분자 결합 단위의 트랜스퍼 팩터를 누구나 섭취할 수 있도록 대량생산하여 만든 것이다.

1990년대 말 캡슐화와 대량생산이 가능해진 이후, 학계에서의 연구가 계속 이어져 지난 2007년에는 분자 단위의 트랜스퍼 팩터보다 더 작은 나노 미분자 단위의 트랜스퍼 팩터, 즉 트라이팩터를 분리해내는 데 성공했다. 나노 분자의 트라이팩터는 기존의 트랜스퍼 팩터보다 흡수율이 3배 높은 것으로 나타났다.

또한 나노 단위의 트라이팩터는 트랜스퍼 팩터에 비해 분리와 농축이 더욱 효율적이고, 동물 종에서 인간으로의 면역기능 전달효과가 더 높은 것으로 드러났다. 트랜스퍼 팩터의 면역기능이 더욱 개선된 것이라 할 수 있다.

그렇다면 트랜스퍼 팩터의 부작용은 없을까? 이에 관해서는 지난 수십 년간 쌓아진 수많은 임상연구 결과에서 그 안전성을 찾을 수 있다.

부작용 보고 사례가 없다

트랜스퍼 팩터는 1949년에 발견된 이후, 반세기 넘는 세월 동안의 임상실험과 적용 결과 특이한 알레르기 반응이나 부작용, 그리고 10년 이상 장기 섭취에 따른 부작용이 보고된 사례가 없는 물질로 알려져 있다.

인간이 아닌 동물실험에서는 쥐를 대상으로 14일간 급성독성 실험을 실시하였으나 트랜스퍼 팩터 투여로 인한 독성의 징후가 발견되지 않았다. 죽거나 체중이 변화한 개체가 없었으며 부검을 한 결과에 있어서도 종합적인 병변은 보이지 않았다.

이 외에도 트랜스퍼 팩터로 인한 부작용은 지금까지 보

고된 사례가 한 건도 없다. 임상적인 과다 섭취 및 수 년 간의 장기 섭취 사례에서도 부작용 사례는 발견되지 않았다.

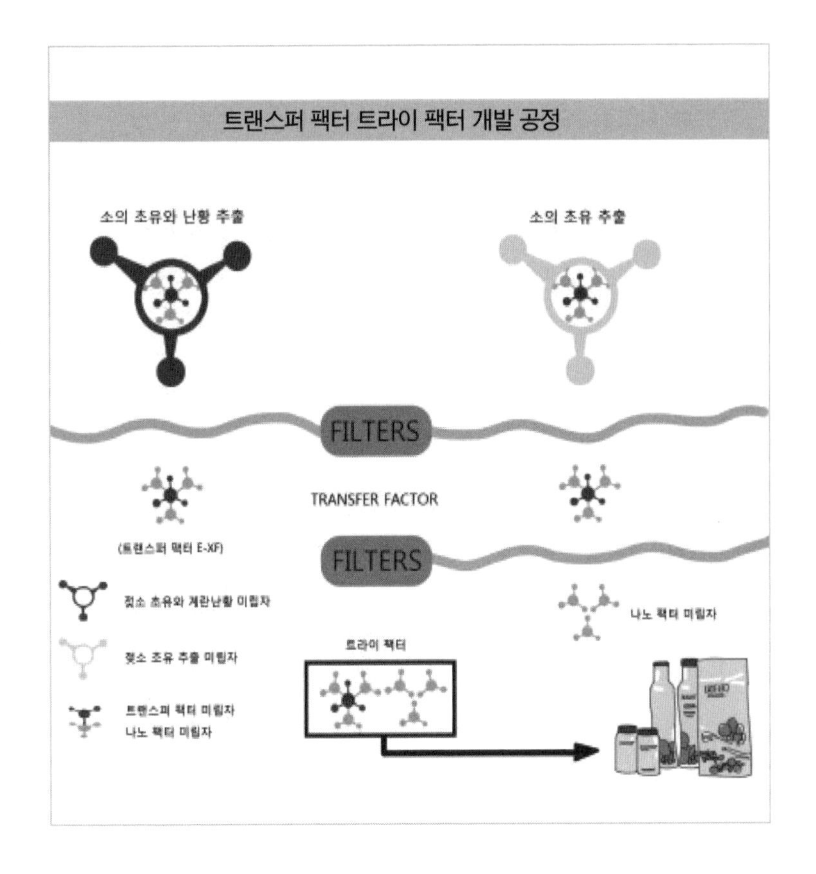

8) 어떻게 활용하면 효과적일까?

[트랜스퍼 팩터를 활용한 면역 다이어트 프로그램의 예]

트랜스퍼 팩터 제품을 다이어트에 활용하는 것은 단순히 지방을 빼고 체중을 줄이는 것을 의미하지는 않는다. 트랜스퍼 팩터를 섭취하여 면역기능을 정상화시켜 체내에 축적된 유해한 독소를 제거하는 디톡스 효과를 얻을 수 있다. 트랜스퍼 팩터를 활용한 프로그램은 면역기능의 밸런스를 유지할 수 있는 몸을 만들기 위한 프로그램이라 할 수 있다.

_시작하기 전!

* 개인의 몸 상태에 따라 다르므로 활용 시에는 전문가에게 문의할 것을 권한다.
- 자신의 증상, 건강상태, 운동량, 섭취하는 음식, 칼로리양, 컨디션, 특이한 질환을 체크하고 기록한다.
- 몸무게, 허리둘레, 체지방량, 비만도 등의 구체적인 수치를 측정해 기록해둔다.

1〉 면역력 구축 단계

[1단계]

소요기간 : 10일

횟수 : 1일 3~6회 (아침, 점심, 저녁)

식사 : 탄수화물을 완전히 금식하거나 절식

[2단계]

소요기간 : 15~20일

횟수 : 1일 3~6회 (아침, 점심, 저녁)

식사 : 점심에 일반 식사를 하되 밥과 반찬은 1/2 분량

2〉 밸런스 조절 단계

소요기간 : 20일

횟수 : 1일 3~6회 (아침, 점심, 저녁)

식사 : 점심 및 저녁에 일반 식사를 하되 밥과 반찬은
1/2 분량

3〉 유지 단계

소요기간 : 30일

횟수 : 1일 1~2회 (아침, 저녁)

식사 : 3끼 일반 식사를 하되 밥은 1/2 공기

_끝난 후!

주의사항

- 몸무게, 허리둘레, 체지방량, 컨디션, 질환 및 건강상태를 체크하여 시작하기 전과 비교해 본다.
- 트랜스퍼 팩터를 하루 1회씩 꾸준히 섭취한다.
- 자극적인 음식, 짜거나 매운 음식, 인스턴트식품을 피한다.
- 식이섬유를 충분히 섭취한다. 채소, 과일의 식이섬유는 혈중 콜레스테롤과 중성지방을 흡착하여 혈관을 청소해주며 내장과 혈관의 지방을 분해하는 역할을 한다. 녹색채소에 풍부한 엽록소에는 비타민, 칼슘, 칼륨, 마그네슘 등 미네랄이 풍부하여 세포를 재생시키고 독소를 제거해주는 효과가 있다.
- 발아현미, 통곡물 등 도정하지 않은 곡류를 충분히 섭취한다. 도정하지 않은 곡류에도 역시 식이섬유가 풍부하여 혈관을 비롯한 몸속 독소를 배출해주는 효과가 있다.

9) 섭취 시 일시적인 호전반응이 있을 수 있다

초반에는 다양한 호전반응이 나타날 수 있다. 아래와 같은 반응은 체내 독소가 배출되거나 비정상적으로 작동하던 기관이 정상화되며 나타나는 일시적인 현상이니 개인의 상태에 맞게 참고하기를 권한다.

1) 두통 : 머리 무거움, 찌르는 통증, 어지러움

→ 혈관과 자율신경계의 독소가 빠지는 증상

2) 열 기운 : 얼굴이 화끈거림, 열기가 느껴짐, 두근거림

→ 심장과 심혈관이 정상화되며 나타나는 증상

3) 피로감 : 졸리거나 피로감, 입맛 없음

→ 혈관에서 혈전이 빠지거나 간의 독소가 빠지며 나타나는 증상

4) 통증 : 전신 통증, 허리 통증

→ 신경계가 개선되거나 당뇨가 완화되며 나타나는 증상

5) 노폐물 배출 : 가래, 눈물, 콧물, 비듬, 부스럼

→ 폐, 호흡기, 안구 등에서 독소가 배출되며 나타나는 현상

6) 위장이나 배설의 불편함 : 변비, 방귀, 설사, 메스꺼움, 위통

→ 위장 내의 염증과 장애가 개선되며 나타나는 증상

7) 잦은 소변

→ 방광과 신장에서 독소가 빠지며 나타나는 증상

8) 가렵거나 따가움

→ 신장에서 독소가 빠지거나 혈관의 독소가 빠지며 피부나 상처 부위가 가려움

4장 섭취 후 내 몸이 달라졌어요!

1. 과민성대장증후군과 복부비만이 사라지고 활력이 생겼어요.

박수진 34세

평소 디톡스에 대해 편견이 있었던 저는 건강식품으로 해독과 체중감량을 할 수 있다는 것을 받아들이기가 힘들었습니다. 건강의 효과를 보고 체중도 정상이 되었다는 사람들의 이야기를 들어도 '먹지 않았으니 당연히 살이 빠진 것이겠지' 라고 생각하며 콧방귀를 뀌고 지나칠 뿐이었습니다.

그러던 중 건강이 심하게 악화되면서 면역기능을 정상화시켜준다고 하는 트랜스퍼 팩터에 대해 우연히 알게 되고 실제로 프로그램에 따라 해독을 하게 되었습니다.

저는 평소에 위와 장이 안 좋고 늘 과민성대장증후군이 있었습니다. 트랜스퍼 팩터를 섭취했을 때 처음에는 호전반응이 있을 수 있다는 정보를 알고 있었는데, 섭취 후 이틀날 하루 정도는 속 쓰림과 두통으로 고생을 했습니다.

그런데 4일째 되던 날 놀라운 경험을 하게 되었습니다. 체중은 3kg이 줄어들고, 체지방도 2kg이나 빠진 것입니다. 더 놀라웠던 점은 체중에 비해 근육량은 그리 줄지 않았다는 점입니다. 제 편견이 산산조각으로 깨지는 순간이어서 무척 신기했습니다.

평소 스트레스로 인한 폭식이 심해서 뱃살이 항상 문제였는데 해독을 하고 나니 평생 빠지지 않던 뱃살의 피하지방이 줄어드는 것이 느껴지면서 처음으로 아가씨 때의 몸무게를 되찾게 되었습니다. 실제로 옷을 입을 때도 훨씬 편하게 느껴지고, 독소가 빠지니 몸도 가볍고, 사이즈 변화도 확실히 느낄 수 있었습니다.

늘 과민성대장증후군이 있어서 환경이 조금만 바뀌어도 대장이 예민하게 반응해 설사나 변비 증상이 나타났고, 아침에 물을 2리터나 마셔야 겨우 화장실에 갈 수 있을 정도로 변비도 심한 편이었는데, 트랜스퍼 팩터로 해독을 한 후에는 아침에 물 한 잔 먹지 않아도 시원하게 화장실을 가게 되어 기적 같았습니다.

이렇게 트랜스퍼 팩터를 통해 해독을 하고 나니 제 몸에 자가치유능력이 생기는 것 같아서 신기했습니다. 아이들도 감기가 걸리면 바로 병원에 데려갔었는데, 면역기능이 활성화되면서 감기도 잘 안 걸리고 걸려도 2~3일이면 나아지는 것을 보고 놀라웠습니다.

지금은 몸의 신진대사가 원활해진 느낌이고 일상생활이 더 활기차고 피곤함도 덜하고 에너지 넘치는 생활을 하고 있습니다. 평소 늘 불편하고 아팠던 위와 장도 훨씬 편안해지고, 무엇보다 아이들이 셋이다 보니 병원 가는 게 큰일이었는데, 면역기능을 정상화시켜주는 트랜스퍼 팩터를 통해 아이들의 건강까지 회복할 수 있게 되어 행운이라고 생각합니다.

2. 만성염증과 만성피로에서 벗어났어요

김영란 53세

저는 학생들을 가르치는 보습학원을 20여 년 운영하며 살아왔습니다. 학원을 운영하다 보니 어쩔 수없이 생활이 완전 반대가 되었습니다. 학생들 시험기간이면 자정을 넘어 꼭두새벽에 퇴근하는 것은 기본이요, 식사는 제대로 밥을 차려 먹을 수 없어서 수업과 수업 사이의 짧은 쉬는 시간에 겨우 짬을 내어 허겁지겁 급하게 때우는 식으로 해결해야 했습니다.

학원 운영은 곧 시간과의 싸움과도 같았습니다.

이렇게 불규칙한 생활을 하며 몰아붙인 결과 다행히 많은 학생들을 가르칠 수 있었고, 제 몸을 사리지 않고 일만 한 덕분에 어느 정도의 경제력은 일굴 수 있었습니다. 그러나 제 나이 50대에 들어서야 그동안 너무 건강을 돌보지 않았다는 것을 깨닫게 되었습니다. 그러나 때는 너무 늦은 것

같았습니다. 아무리 돈을 벌었어도 건강을 잃고 나니 아무 의미도 없었습니다. 저는 만성적인 염증과 만성피로에 항상 시달렸습니다. 만성적인 질환이라는 것은 당장 치료를 한다 해도 쉽게 낫지 않는다는 것이고, 만성피로는 그 정도가 심해 휴식을 취해도 도저히 회복될 기미가 보이지 않았습니다. 흔히 면역력이 약해지거나 면역시스템이 고장 나면 우리 몸이 제대로 역할을 하지 못해 염증이 잘 생기고 한 번 생긴 염증이 잘 안 없어진다고 합니다. 제 몸이 바로 그러한 상태가 되어버렸습니다. 결국 몸이 더 이상 버티질 못하고 쓰러지게 되었고 7시간이나 하는 대수술을 하면서 자연스럽게 학원을 미련 없이 닫아버릴 수밖에 없었습니다. 그때부터 저는 저의 건강을 일순위에 놓아야겠다고 결심하게 되었습니다.

우선 건강을 되찾기 위해 휴식을 취하며 다양한 건강 제품을 섭취하고 노력해보았지만 오랜 세월 동안 망가진 몸은 여간해서는 제 기능을 되찾지 못하는 것이었습니다. 그런데 제 몸의 면역기능이 망가지는 것을 직접 체험하고 나니 제 스스로가 면역이라는 화두에 대해 관심을 갖고 정보를 찾게 되었습니다. 그 과정에서 알게 된 것이 바로 트랜스퍼 팩터입니다. 면역력 강화, 나아가 총체적인 면역기능을 정상화시키는 것이 중요하다는 의학적인 이론에 대해 크게 공감하게 되었고, 제 몸의 면역기능을 정상화시키는 것에 모든 것을 걸어야 한다고 생각하게 되었습니다. 이렇게 간절한 마음으로 트랜스퍼 팩터 제품을 꾸준히 섭취하고, 건강을 챙기고, 식사를 규칙적으로 제때 하며 제 삶을 돌보기 시작했습니다.

그 결과는 놀라웠습니다. 늘 골골거리며 잘 다치고 파김치처럼 피곤하기만 했던 제 몸에 활력이 생기고, 피로감이 사라지고, 염증이 없어지기 시작한 것입니다. 몸으로 확연하게 느껴지는 변화로 인해 점점 더 에너지가 살아났습니다. 그 후 트랜스퍼 팩터 제품을 꾸준히 섭취하고 있는 지금은 건강뿐 아니라 가족과 주변 지인들의 건강까지도 되찾게 해주기 위해 노력하고 있습니다.

이제는 건강이야말로 최고의 재산이며, 건강을 지속하게 해주는 면역기능이야말로 건강의 핵심이라고 생각하며, 이 모든 것을 가능하게 해준 트랜스퍼 팩터를 제 삶의 벗으로 여기고 있습니다.

3. 갱년기 증상과 수많은 통증이 사라졌어요

정미애 55세

5년간 고혈압으로 약을 복용하고, 15년간 지방간으로 고생하며, 몸속에 독소가 쌓이면서 아무리 노력해도 체중감량이 되지 않았습니다. 20년쯤 전에 다른 건강제품을 통해 체중감량에 일시적으로 성공한 적이 있었으나 이후 요요현상으로 인해 다시 체중이 늘어났습니다.

또한 갱년기를 거치면서 3년 이상 각종 갱년기 증상, 예를 들어 불면증과 심한 두통, 손발의 저림, 어깨 결림과 통증, 자고 일어나면 온몸이 붓는 증상, 밤에 쥐가 자주 나는 증상 등이 있었습니다. 체중 증가와 부기로 인해 몸이 부해지면서 여성으로서의 자신감도 없어지고 일상생활의 활력도 잃고 있었습니다.

그러던 중 우연찮은 기회에 트랜스퍼 팩터에 대해 알게 되면서 일단 한 번 해보자는 심정으로 면역 및 해독 프로그램을 실천해보았습니다. 그 결과 제 삶의 질이 달라지고 심신의 놀라운 변화를 겪었습니다.

7주에 걸친 면역 프로그램을 꾸준히 실천하면서 사전에 미리 알고 있던 온갖 호전반응을 몸소 체험하면서 놀라지 않을 수 없었습니다. 다양한 호전반응들은 당시에는 당황스럽기도 하고 불편하기도 하였으나 개의치 않고 섭취를 계속하자 순차적으로 사라지거나 완화되는 것을 경험하였습니다.

무엇보다 놀라운 것은 체중이 7주 만에 4~5kg 가까이 줄어들었다는 점입니다. 그리고 계속해서 트랜스퍼 팩터 섭취를 이어가고 규칙적인 생활을 한 결과, 3개월 만에 체중이 무려 11kg이나 줄어드는 기적적인 체험을 하였습니다. 몸이 날아갈 것처럼 가벼워진 것은 물론이고, 실제로 측정해본 결과 체지방 양도 정상으로 되돌아갔습니다. 체중과 체지방이 줄어들자 마치 처녀 때로 되돌아간 것처럼 몸의 라인이 살아나고 거울 속의 제 모습이 예뻐지고 활기차졌습니다. 또한 체중감량의 가장 큰 적인 요요현상도 나타나지 않았습니다.

5년간 약을 복용해도 소용이 없었던 혈압이 정상치로 낮

아졌고, 15년 된 고질병이었던 지방간의 수치도 정상이 되었으며, 의학적으로 림프 해독의 결과가 얻어져 더 놀랐습니다. 3년 이상 갱년기로 인해 이어졌던 불면증이 해소되어 밤에 숙면을 취할 수 있게 되었고, 두통과 어깨 통증이 해소되었으며, 쥐가 자주 나던 현상이 어느 사이엔가 사라져 있었습니다. 부기가 해소되어 몸이 전반적으로 상쾌하게 느껴졌습니다.

트랜스퍼 팩터의 면역 효과로 인하여 무엇보다 감사한 것은 단지 체중 감량뿐만이 아니라 남모르게 앓아온 오래된 만성 질병과 고통스럽던 여러 가지 통증에서 해방되었다는 점입니다. 체중계 숫자를 줄이는 데서 그치는 것이 아니라 궁극적으로 건강과 활력과 젊음을 되찾는 데 큰 도움을 받은 것 같아 행복합니다.

4. 비염의 고통에서 해방되었어요

린다 신 63세

미국 애틀랜타에서 40년 동안 살아오는 동안 저는 수많은 어려운 역경을 겪기도 했지만 무엇보다도 건강을 잃는 고통을 겪었습니다. 낯선 미국 땅에서 동양인이라는 설움을 극복하고 악착같이 일하며 하나씩 둘씩 생활을 일구고 언어와 문화가 다른 나라에서 마침내 삶의 큰 성공을 이루었지만 건강은 점점 악화되는 악순환의 연속이었습니다.

많은 스트레스로 인하여 규칙적이고 질 좋은 식사를 제대로 못하다 보니 나이가 들자 모든 장기를 바꿔야 한다는 표현을 쓸 건강이 최악으로 나빠졌습니다. 생업으로 옷 만드는 일을 오래 하다 보니 실내에서 온갖 먼지와 안 좋은 공기에 하루 종일 노출된 것이 주요 원인이었던 것 같습니다. 환경적인 요인과 정신적인 스트레스로 인해 오랜 시간 절망의 시간을 보낼 수밖에 없었습니다.

특히 비염을 오랫동안 앓았던 관계로 오랜 시간 불면증으로 고통의 나날을 보냈습니다. 밤이면 누런 콧물이 흘러서 마스크 안에 거즈 수건을 끼워 넣고 그 안에 콧물을 받아내야 할 정도로 힘든 상태가 지속되었습니다. 비염은 밤이 되면 더 심해지기 때문에 밤이면 밤마다 잠을 제대로 잘 수 없는 나날의 연속이었습니다. 6개의 방석을 포개서 앉아야만 잠을 이룰 수 있을 정도로 비염은 생활까지도 고통스럽게 만들었습니다.

몸에 좋다는 온갖 약도 먹어보았지만 별다른 효과를 느끼지 못했고, 혈관개선에 좋다는 보조제와 식품을 먹어보았지만 별다른 효과는 없었습니다.

어떤 이들은 비염은 쉽사리 낫지 않는다며 어쩔 수 없다고도 말했습니다.

이렇게 고통의 삶을 살던 중 한국에 있는 친구로부터 트랜스퍼 팩터 제품을 먹어보라는 권유를 받았습니다. 처음에는 다른 건강 제품이나 약처럼 별로 효과가 없거나 일시적으로 호전되다가 다시 악화될 것이라고 생각하여 큰 기대를 하지 않았습니다.

그런데 반신반의하며 일단 꾸준히 트랜스퍼 팩터를 섭취

한 후, 놀라운 현상을 경험했습니다. 평생 밤잠을 못 자게 할 정도로 저를 괴롭히던 지긋지긋하던 비염 증세가 갑자기 호전되면서 언제부턴가 코로 숨을 쉴 수 있게 되었던 것입니다. 섭취를 시작한 처음에는 예전의 증상이 여전이 계속되었으나, 코의 느낌이 달라졌다는 것을 어느 날 갑자기 확실히 느낄 수 있었습니다.

이 얼마나 오랜만에 느껴보는 기쁨인지 눈물이 날 정도였습니다. 코로 숨을 쉴 수 있고 밤에 잘 수 있는 것이 축복처럼 여겨졌습니다. 그 후 몇 개월에 걸쳐 트랜스퍼 팩터 제품을 꾸준히 섭취하고 건강관리를 하자 지금은 비염의 극심한 고통에서 거의 완전히 해방되었습니다. 이제는 편안하게 호흡하며 깊이 잠들게 되면서 건강은 물론 삶의 질까지 향상되었습니다.

5. 다이어트에 성공하고 활력을 얻었어요

박은경 43세

저는 24살의 나이에 일찍 결혼을 하고 아이들을 낳은 후 체중이 늘면서 건강이 악화되고 스트레스를 많이 받았습니다. 결혼 직후 연년생으로 두 아들을 낳고 30대에는 다시 직업을 갖고 열정적으로 사회생활을 했는데, 12년 만에 셋째를 낳게 되면서 부득이하게 사업을 접고 전업주부의 길로 자연스럽게 들어서게 되었습니다.

셋째를 낳은 지 4년 만에 다소 늦은 나이에 막내인 넷째를 출산하게 되었는데, 마흔이 넘은 나이에 늦게 출산을 한 데다 평소 자녀 양육과 집안일로 체력이 많이 저하되어 있는 상태여서 그런지 막내를 낳고 나서도 좀처럼 몸이 회복되지 않았습니다. 에너지 넘치는 아들을 넷이나 돌보랴, 살림하랴… 너무도 버거운 하루하루가 지속되면서 언제부턴가 제 입에서는 '힘들다' 는 소리만 나오는 것이었습니다.

밝고 건강한 엄마이자 주부여야 하는데 늘 힘들어하기만 하고 찡그린 얼굴을 하고 있는 제 자신이 너무 싫었습니다.

건강관리는 커녕 제 자신을 돌아볼 겨를이 없다 보니 제가 건강한지 아닌지도 인식하지 못하였습니다. 게다가 몸을 돌보지 않으니 점점 살이 찌기만 하고 우울한 날도 많아졌습니다. 게다가 막내가 평소 기관지가 약해 병원에 두 번이나 입원을 할 정도여서 엄마로서 걱정이 되지 않을 수 없었습니다. 그러던 중 트랜스퍼 팩터에 대해 우연히 정보를 접하게 되고 면역력에 도움이 된다는 것을 알았습니다. 제일 급한 것이 막내의 건강이었으므로 우선 막내에게 트랜스퍼 팩터 제품을 먹이게 되었고, 아울러 자연스럽게 면역다이어트에 대한 정보도 접할 수 있었습니다.

가장 놀라웠던 건 트랜스퍼 팩터를 꾸준히 섭취시킨 막내의 기관지가 점차 나아졌다는 점, 그리고 아들과 함께 트랜스퍼 팩터 면역 다이어트 제품을 섭취한 제 몸이 달라지는 것이 확연히 느껴졌던 점입니다. 저는 평소에 다이어트를 하고 싶어도 엄두를 못 냈을 뿐더러 늘 피부 고민이 많았습니다. 아무리 비싸고 좋은 화장품을 써도 피부는 한 번도 좋아지지 않아 우울했습니다. 그런데 트랜스퍼 팩터 다이어트 제품을 섭취한 후 몸이 가벼워지기 시작하면서, 제일 먼저 5일 만에 피부가 놀랍게 변화하기 시작했습니다.

아이들 키우고 집안일 하며 늘 우울한 생각에 자주 빠지고 감정의 기복이 심했던 저인데, 몸의 컨디션이 달라지고, 체중이 감량되고, 피부가 깨끗해지면서 오랫동안 잊고 있었던 에너지와 활력이 생기고 기분이 밝아졌습니다. 또한 저와 함께 트랜스퍼 팩터 제품을 섭취하며 다이어트를 한 남편도 무려 8kg이나 체중이 줄면서 마치 30대와 같은 체격과 건강을 되찾는 기쁨을 경험했습니다.

트랜스퍼 팩터는 제 삶에 기쁨과 활력소가 되고 있습니다. 이제는 네 아이와 남편, 그리고 저 자신의 건강을 위해 면역의 놀라운 비밀을 늘 잊지 않을 것입니다.

5장 무엇이든 물어보세요.

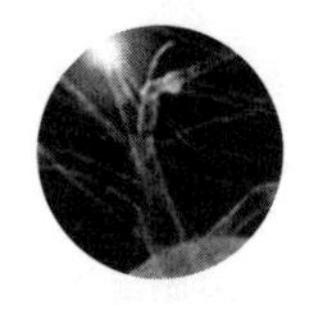

Q : 독소를 해독하기 위해 면역기능이 왜 중요한가요?

A : 면역과 독소는 불가분의 관계에 있다. 독소 때문에 면역력이 저하되며, 저하된 면역력으로 인해 또 다시 외부 독소를 제대로 방어하지 못하는 악순환이 이어진다. 인체 면역체계에 오류가 생기면 혈관과 신경, 주요 장기에 독소가 쌓인다. 독소는 염증을 유발하고, 누적된 독소는 염증을 만성화하여 각 기관에 고장을 일으킨다. 그 결과 신체기관이 제 기능을 못하는 것이 바로 면역력 저하 상태이다.

예를 들어 위장의 면역시스템이 정상화되려면 장내에 서식하는 유익한 세균의 비율이 유지되고 유해한 세균이 일정 비율을 초과하지 말아야 한다. 그러나 장에 독소가 쌓이면 유해 세균이 증가하여 장내 독소를 만들어내며 이 독소가 혈관을 타고 신체 곳곳에 퍼져 나간다. 반면 장내 독소가 빠져 유익균의 비율이 정상화되면 소화기능이 정상화되어 배설과 배변이 원활해지고, 체내 염증과 만성 통증이 개선된다.

체내에 과다하게 쌓여있던 독소가 빠지면 우선 염증이 낫기 시작하고 활성산소가 중화되며 통증이 감소된다. 신체 각 기관의 염증이 사라진다는 것은 곧 장기와 혈관이 정상적으로 작동한다는 것과 같다. 흔히 만성 질환이 있는 경우 원인 모를 두통이나 근막통증, 불면증, 소화기능 장애에 시달리는 경우가 많다. 반면 체내 독소를 제거하고 나면 통증이 감소하고 잠을 잘 자며 소화기능이 정상화되는 것을 볼 수 있다.

결국 인체의 면역시스템이 정상적으로 가동되도록 하기 위해서는 장기와 혈관, 각 조직에 축적되어 있는 오래 된 독소들을 제거하는 것이 관건이며 이것이 모든 면역조절의 기본 원리라 할 수 있다. 독소가 쌓인 곳에는 반드시 특정한 형태의 염증이 있으며, 이 염증이 만병의 근원이 되기 때문이다.

Q: 트랜스퍼 팩터는 의약품인가요?

A : 트랜스퍼 팩터는 인위적으로 만든 의약품이나 화학 유래 성분이 아니며, 비타민 등 특정 영양소를 의미하는 것도 아니다. 트랜스퍼 팩터는 인간을 비롯한 모든 포유류와 조류의 혈액, 모유, 난황(알의 노른자) 속에 들어있는 물질이다. 일종의 미세한 펩타이드 분자로서 일반적인 항체보다도 크기가 훨씬 작다.

즉 인간의 혈액 속 백혈구에 원래부터 들어있는 분자 단위 물질이 바로 트랜스퍼 팩터이다. 다만 인간의 몸에서 추출하여 제품으로 상용화는 것은 복잡하고 어려우므로, 소의 초유와 계란 노른자에서 추출하여 인간에게 적용할 수 있는 물질로 특허를 받은 것이다. 면역기능을 세포와 세포 사이에서 전달하고 활성화시켜 생물체의 면역시스템이 정상적으로 가동되도록 돕는다.

트랜스퍼 팩터 자체를 가지고 특정 질병을 치료하는 것이 아니라, 몸의 전반적인 면역시스템을 조절하고 균형을 맞추는 역할을 해준다.

Q : 트랜스퍼 팩터는 어떤 질환에 섭취하면 좋은가요?

A : 트랜스퍼 팩터는 특정 증상을 제거하거나 치료해주는 약물이 아니라 인체의 무너진 면역시스템 자체를 정상화시켜주는 천연 물질이다. 꾸준히 섭취할 경우 전반적인 건강상태를 증진시켜주고 면역기능이 정상적으로 작동할 수 있도록 도움을 준다. 따라서 면역기능을 활성화하고자 하는 누구나 섭취할 수 있으며, 학계 임상연구에 의하면 다음과 같은 질환이나 질병에 유의미한 효과가 있는 것으로 보고되고 있다.

- 암, 간염, 고혈압, 당뇨병
- 만성피로증후군, 빈혈
- 아토피, 각종 피부염증, 여드름, 알레르기, 천식, 축농증
- 바이러스성 질환, 인플루엔자, 후천성면역결핍증, 홍역, 수두
- 각종 포진(헤르페스), 칸디다 감염
- 다이어트(체지방 감소) , 과민성대장증후군, 위궤양, 위염
- 관절염(세균성, 퇴행성), 통풍
- 외과 수술 후 상처 치유, 각종 염증 치료(척수염, 충수염, 피부

염 등)

- 근육 강화, 어린이 성장, 노화 속도 완화, 자폐증
- 루게릭, 알츠하이머

Q : 트랜스퍼 팩터 제품의 안전성은 어느 정도인가요?

A : 트랜스퍼 팩터는 최초 발견 이후 현재까지 동물실험과 인간 임상적용 모두에서 부작용 사례가 보고된 적이 없는 매우 특수한 물질이다. 동물을 대상으로 과량을 투여한 실험결과 및 사람이 장기 복용한 경우에도 마찬가지이다.

트랜스퍼 팩터의 안전성은 미국 PDR에서도 확인할 수 있다. 미국에서는 약품이나 건강기능제품이 얼마나 안전한 것인지를 의사처방 참고서적인 '의사용 탁상 편람'(PDR: Physicians' Desk Reference)에서 확인한다. 각국 의사들은 처방을 내릴 때 PDR을 참조하는 것으로 알려져 있다. 트랜스퍼 팩터 제품은 상용화된 2003년부터 현재까지 14년간 연속 PDR에 등재될 정도로 안전성을 인정받았다.

천연원료 제품

무독성

PDR 등재 기술

즉 의사나 약사의 처방 없이 섭취할 수 있는 부작용 없고 안전하며 효능이 높은 건강보조제품이다.

트랜스퍼 팩터 건강기능제품이 일찍이 상용화된 미국의 경우, FDA에서 트랜스퍼 팩터 제품 이용에 대해 '특정 질병의 치료에 효과가 있다는 과대, 허위 광고를 금지할 것' 과 함께 트랜스퍼 팩터를 응용한 치료 목적의 신약 개발 및 라이센스 특허도 금지했다.

즉 정식 상용화된 트랜스퍼 팩터 추출 제품은 합법적인 특허를 받은 것이라고 할 수 있다.

Q : 트랜스퍼 팩터를 통한 다이어트 왜 좋은가요?

A : - 면역시스템 활성화를 통한 다이어트는 단순한 체

중감량과는 개념이 다르다. 이것은 식이습관을 개선하고 신진대사를 촉진하며 몸의 에너지를 강화시키는 일종의 건강증진법이라 할 수 있다.

- 트랜스퍼 팩터는 신체의 에너지를 정상화시켜 전반적인 건강상태 향상 및 유지에 도움을 준다.
- 에너지 활성화를 지향하기 때문에 육체적으로 피로하거나 허기가 지거나 정신적으로 소진되는 현상을 겪지 않는다.
- 트랜스퍼 팩터 제품에는 단백질 성분과 각종 영양소가 배합되어 있어 면역기능을 정상화시켜주기 때문에 에너지가 빠져나가거나 초췌해지지 않는다.
- 체지방을 배출해주되 에너지는 낭비하지 않게 하여 컨디션을 유지해준다.
- 트랜스퍼 팩터 효과는 면역시스템 정상화 효과이기 때문에 건강을 해치지 않고 다이어트 후에도 요요현상을 겪지 않게 도와준다.
- 만성피로를 자주 겪거나 업무가 과다하거나 장거리 여행처럼 체력 소진이 심한 상황에서도 오히려 피로회복 효과가 있다.

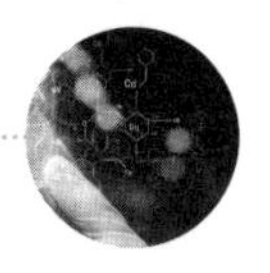

21세기 건강 키워드는 면역에 있다

21세기는 '면역시스템의 시대' 이다. 일시적인 치료가 아니라 인체가 튼튼한 집 같은 역할을 할 수 있도록 근본적인 뼈대를 세우는 건강법과 사고방식이 21세기를 주도하고 있다. 그중 트랜스퍼 팩터는 21세기의 건강 키워드로서 놀라운 가능성을 보여준다.

최신 건강 트렌드 중에서 각광을 받고 있는 디톡스에 대해서는 이미 많은 사람들이 잘 알고 있다. 몸속 독소를 배출하기 위해, 혹은 부족한 영양소를 보충하기 위해, 그리고 면역력을 향상시키기 위해 다양한 건강정보를 찾고 실천하고 있다. 하지만 정작 건강과 면역의 정확한 원리가 무엇인지에 대해서는 의외로 무지한 경우가 많다.

인체는 스스로를 보호하기 위해 각 기관과 세포가 복잡한 상호작용을 한다.

어느 특정한 영양소만 채운다고 해서 단번에 건강을 되찾기는 어렵다.

따라서 이제는 면역력이라는 개념도 좀 더 과학적이고 체계적으로 이해할 필요가 있다.

면역력에 대한 막연한 개념이 아니라 면역기능의 세분

면역력에 대한 막연한 개념이 아니라 면역기능의 세분화, 즉 면역시스템 전반을 이해해야 건강한 삶을 살 수 있다. 신개념 건강법의 시작을 알리는 트랜스퍼 팩터에 대해 더 많은 독자들이 알고 이해하게 되었으면 하는 바램이다.

함께 읽으면 두 배가 유익한 건강정보

1. 내 몸을 살리는, 노니 정용준 | 3,000원 | 94쪽
2. 내 몸을 살리는, 해독주스 이준숙 | 3,000원 | 94쪽
3. 내 몸을 살리는, 오메가-3 이은경 | 3,000원 | 108쪽
4. 내 몸을 살리는, 글리코영양소 이주영 | 3,000원 | 92쪽
5. 내 몸을 살리는, MSM 정용준 | 3,000원 | 84쪽
6. 내 몸을 살리는, 트랜스퍼 팩터 김은숙 | 3,000원 | 100쪽
7. 내 몸을 살리는, 안티에이징 송봉준 | 3,000원 | 104쪽
8. 내 몸을 살리는, 마이크로바이옴 남연우 | 3,000원 | 108쪽
9. 내 몸을 살리는, 수소수 정용준 | 3,000원 | 78쪽
10. 내 몸을 살리는, 게르마늄 송봉준 | 3,000원 | 84쪽

⇨ 내 몸을 살리는 시리즈는 계속 출간 됩니다.